爱上科学
Science

现代物理学百年漫谈

■ 王一 著

人民邮电出版社
北京

图书在版编目（CIP）数据

一说万物 ：现代物理学百年漫谈 / 王一著. -- 北京 ：人民邮电出版社，2021.10
（爱上科学）
ISBN 978-7-115-56607-2

Ⅰ. ①一… Ⅱ. ①王… Ⅲ. ①物理学－普及读物
Ⅳ. ①04-49

中国版本图书馆CIP数据核字(2021)第108914号

内容提要

20 世纪是物理学的世纪。在过去一百多年中，物理学取得了空前的发展，涌现出很多新想法、新观念，其影响超越了物理领域，深刻改变了人们对世界的认识。本书以独特的视角和生动的语言，深刻而有趣地介绍了 1900 年以后物理学的发展。20 世纪以来的物理学，简而言之，就是更快、更高、更强、更小、更多、更大的物理学。更快说的是狭义相对论，更高说的是高能物理，更强说的是非线性科学，更小说的是量子力学，更多说的是凝聚态与统计物理，更大说的是宇宙学。

本书内容丰富并富有启发性，讲述精巧，语言生动，科普性强，非常适合青少年和广大科普爱好者阅读。

◆ 著　　王　一
责任编辑　胡玉婷
责任印制　陈　犇
◆ 人民邮电出版社出版发行　北京市丰台区成寿寺路 11 号
邮编　100164　电子邮件　315@ptpress.com.cn
网址　https://www.ptpress.com.cn
北京九州迅驰传媒文化有限公司印刷
◆ 开本：690×970　1/16
印张：15.25　2021 年 10 月第 1 版
字数：178 千字　2024 年 8 月北京第 9 次印刷

定价：79.80 元

读者服务热线：(010)53913866　印装质量热线：(010)81055316
反盗版热线：(010)81055315
广告经营许可证：京东市监广登字 20170147 号

序 1

我的朋友们可以分为两类，一类是物理专业的，另一类是非物理专业的。非物理专业的朋友有一个共同点，他们见到我时，通常会对我说："我（中学时）物理学得很差。""……以至于我最害怕、最讨厌学物理了。"言外之意是，相比之下，他们对面的那个人（也就是鄙人）的物理一定学得不错，要不然也不会一路读下去。

每当这时，我的心里就会暗暗发虚。因为所谓学得好和学得不好，都是对比出来的。跟不学物理的朋友比起来，我当然算学得好的。但是跟我那些物理专业的朋友比起来，我连半点自得的神情都不敢表露出来。

本书的作者王一，就是我心目中的那种真正把物理学好了的朋友。

举个例子，王一和我一样，攻读博士研究生时的学制是五年（这种学制叫直博）。我们所学的专业都是理论物理学。这个专业非常考验一个人的综合实力。在我认识的直博学生中，有的人学到一半就坚持不下去了，不得不转成硕士。有的人虽然坚持下去了，但是要延期到第六年、第七年才能毕业。对于大多数人来说，能在五年的时间里顺利毕业，就足以让人伸出大拇指了。但王一读到第四年时居然提前毕业，还顺利地申请到了加拿大麦吉尔(McGill)大学的博士后。这样的事迹在理论物理专业的直博学生中，是极为罕见的。

由于王一的眼界开阔，又和我的研究兴趣比较接近，所以，每当我遇到想不通的物理难题时，或者在科普创作中遇到专业问题时，我都会第一时间想到向他求助。而他总是会毫无保留地把他的意见告诉我。因此，王一既是我的朋友，又是我的老师，我们的这种“合作”关系已经保持了十几年。

在我离开学术圈后，我曾经去香港科技大学看过王一。当时，我问他如何看待我转做科普。即使是在现在的学术圈中，也仍然弥漫着一种视科普为不务正业的风气。所以，我很担心他说一些惋惜的话。但是他说，搞科研的人已经很多了，但搞科普的人太少了。所以，转做科普会非常有前途。他的话让我非常感动。从那时起，我做科普的心再也没有动摇过。

《一说万物：现代物理学百年漫谈》是王一的第一本物理科普书。这本书的内容来自他2020年在“墨子沙龙”公众号做的一系列线上讲座。由于本书保留了王一的口语特色，你会发现，这本书比许多物理科普书更加“平易近人”。

这本书涵盖了近代物理学的许多关键主题，比如宇宙学、量子理论和相对论。同时，它还包含熵与信息、复杂性这样的，在（被还原论思维主导的）高能物理学科普书中不太常见的重要主题。这些主题的门槛都有点儿高，但王一在书中用各种轻松幽默的比喻把门槛一一化解了。

回到开头的问题，在这个时代，确实有很多人因为各种原因，对物理学的发展缺乏了解。但物理学其实很值得我们了解，因为它的研究范围几乎囊括了我们周围的一切物质与时空。如果你恰好是一位对物理不了解的人，并且认同我的观点，就请和我一起阅读这本《一说万物：现代物理学百年漫谈》吧！

Sheldon科学漫画工作室创始人　李剑龙

序 2

《一说万物：现代物理学百年漫谈》是一本只有二百余页的小书，所展现的却是现代物理学的百年画卷。

微小的原子世界，浩瀚的宇宙天体，多样而奇特的新材料，过去的一个多世纪，物理学取得了深刻而全面的进展。物理学的美妙就在于，在缤纷繁杂的万千现象背后，在自然界所经历的种种变化之中，往往有“一”以贯之的精神存在。通过不多的概念和原理，竟可以推演出多姿多彩的整个物理世界。自然是如此奇妙！《一说万物：现代物理学百年漫谈》讲述的正是这些核心概念和原理，因此它小小的“身躯”中却也容纳了“万物”。

深入浅出，把现代科学中最重要的原理呈现给年轻学子，是王一老师的教学理念，也是墨子沙龙一直在努力做的。2020 年 5 月，墨子沙龙和王一老师合作推出了一季短视频系列课程，大概每周一期，一共持续了 30 余次，每期一个话题或概念。短视频课程播出之后，受到了读者的好评，风趣的讲解给观众带来了很大的启发，让他们感受到了思考的乐趣，这是我们最开心的事情。

承蒙人民邮电出版社青睐和支持，课程内容得以有机会梳理成书，面向更多读者。百年来，物理学涌现出的很多新想法、新观念，改变了人们对世界的认识，本书的出版如果能将这些精神之万一传递给读者，便是对我们最大的鼓励。

物理学崇尚简洁。不再赘言，让我们开启这本书的阅读吧！

墨子沙龙

自序

本书和多数科普书不同。

通常，科普著作的选材，作者或是选择一个具体主题来展开，比如《时间简史》，围绕时间的问题而展开；或是向着一个具体目标递进，比如《皇帝新脑》，向着意识的本质前进。而在本书中，我们并没有人为选择一个具体主题或目标，而是力求向大家展现过去一百多年，整个现代物理的生态。我们想展现的，不是一个主题或一个目标的价值，而是物理学整体的美，“细推物理”的乐趣，和物理学本来的样子。如果非要找一本名著作比较，这种追求与《七堂极简物理课》相似。

要在一本书中“展现整个现代物理的生态”，我们有两个选择：或是百科全书式的概况，或是让读者具体“品尝”一下各个物理门类的“美味”，哪怕“浅尝辄止”。在此，我们选择后者。因为，只有在具体生动的物理图像下，读者才会体会到物理的美与乐趣。用美食来打个比方。相声贯口《报菜名》两分钟可以报出近二百道菜名。而要是细品，就算洪七公这样的美食大师，一餐，品鉴黄蓉的一菜一汤已甚满足。本书则是个折中，好比拼盘，各个菜系都给大家吃一点点。哪怕吃到一口，也是实在地吃到，而不是只听到菜名而已（如只是听到菜名，则学的是语文，而不是物理了）。如果读者读后觉得有回味，期望了解更多，则本书就达到了目的。在互联网上，读者不难找到深入了解某个主题的书单和文章。

当然，拼盘分量有限，自然无法涵盖现代物理的全部内容。本书选材上更注重基础。近年来，物理学发展日新月异。量子信息、量子计算、现代光学、冷原子、拓扑物态等方面的新进展，本书都从略处理。如果大家对这些主题感兴趣，网上不乏高质量的相关科普内容。

为了更生动地为大家传达物理图像，作者手绘了大量漫画式的示意图。单论绘画，作者技法实在笨拙。不过作为本书的小小特色，我们希望大家通过这些简图，更多地了解它们背后的物理内涵。

最后，本书语言风格以口语化为主，这是因为本书的初稿是由同名的视频课程整理而成。在策划出版之初，我们考虑过是否全部重写为更加正式的书面语言，不过最后觉得，还是在保留口语化的基础上对初稿加以修订，让语言更容易理解为好。当然，口语化描述虽活泼易懂，但端庄性不够，如让读者有觉得不尊重甚至冒犯的地方，这里提前致歉。

王一

物理学的“灵魂三问”

站在1900年，物理学的“灵魂三问”：

1900年之前，物理学已经有了哪些进展？（从哪里来？）

1900年，我们面临着哪些问题？（我是谁？）

从1900年开始展望，以后我们会有什么样的物理学？（我们向何处去？）

目录

第一章　概述物理学的世纪

第二章　现代物理学之光

第三章　漫游量子世界

第四章　原子

第五章　熵与信息

第六章　复杂

第七章　狭义相对论

第八章　广义相对论

第九章　宇宙

第一章
概述物理学的世纪

1.1 一百多年前，我们知道什么

本书讲述的是现代物理学，也就是20世纪以来的物理学。在展开介绍之前，我们先来看一看：20世纪之前，物理学已经有了哪些进展？

牛顿力学，大家应该很熟悉了，我们简单回顾一下。牛顿三定律：一切物体在没有受外力作用的时候，总保持静止状态或匀速直线运动状态；物体如果受到外力，那么加速度等于力除以质量；作用力与反作用力大小相等、方向相反。外加一个万有引力定律：物体间的引力服从距离平方反比规律。

牛顿力学为什么这么重要？为什么考试的时候占很多分？为什么课堂上一定要学牛顿力学呢？因为牛顿力学可以说是现代科学技术的基础。不仅如此，牛顿力学还重塑了科学的思维方式。我们讲牛顿，其实讲的是以牛顿为代表的、从伽利略开始到牛顿的一系列科学家，他们让我们的思维完全不一样了。

在牛顿之前的亚里士多德时代，人们认为这个世界是什么样子的呢？亚

里士多德认为，这个世界存在一个“月下界”，即我们日常生活的经验世界，遵守我们日常的规律。另外，还有一个“月上界”，本意是指月亮之上。月亮之上，“不知天上宫阙，今夕是何年”。当时的人不知道月上界到底有什么样的物理规律，只知道那上面的东西都是永恒的、不可朽坏的、一直在运动的。这是亚里士多德那个时代的物理学。

其实，那个时候根本没有“物理学”，有的是“自然哲学”。但是，到了以牛顿为代表的物理学家的时代，通过牛顿三定律、万有引力定律，牛顿发现：原来苹果落地和天上星星的运动实际上是服从同样的物理规律，并且这种物理规律可以纳入一个数学框架之中，即微积分的数学框架之中。

牛顿力学中最困难、最具革命性的就是：洞察到了这样一个物理定律以及它背后的数学框架。这是非常难的，这种“难”不是说其中哪一个定律难。学牛顿力学的时候，我们会感觉，好像这些定律挺自然的啊。确实，其中的每一个定律，没有牛顿，可能也有马顿能发现出来，但是这个数学框架确实是一个革命性的、非常困难的发现。有多难呢？我借用曹操的《秋胡行·其一》来描述：

晨上散关山，此道当何难！

就是这么难。这句诗的下一句大家知道吗？“牛顿不起，车堕谷间。”当然，那个时候曹操不是这么想的。这是我们马后炮的玩笑话，借此表现一下牛顿的科学贡献。

秋胡行（节选） 曹操

晨上散关山，此道当何难！

牛顿不起，车堕谷间。

牛顿力学把物理学的王国首先划分出了一片疆域。但是，那个时候并不是所有的物理学都可以用牛顿力学来描述，比如：电现象、磁现象，牛顿力学描述不了。其实，关于电和磁，人们早就知道了，比如说电，天上“库叉”打一个大雷，打到池塘里，池塘里的鱼被电死了，这个现象在5000年之前就已经有文字记载了。磁现象也是如此，比如中国古代四大发明中的指南针就是利用了磁现象。但是，古代的人们认为电现象和磁现象完全是割裂的，不知道它们之间有什么联系。直到200年前，人们开始发现，原来电现象和磁现象是有联系的。电荷动了就可以产生磁；磁场动了又可以产生电。**电动生磁，磁动生电**，这是一个让人非常惊奇的发现。

为什么说它让人非常惊奇呢？在古人生活的那个时代，一边是天上一个雷把池塘里的鱼打死了，另一边是人们在用指南针去找方向，这两件事情之间看不出任何关联，直到人类发现了电和磁的联系——电磁的感应，我们才找到了这两件事情之间的关联。这就是物理学的威力。

现在，人们不仅找到了电和磁之间的关联，学到相对论的时候，我们还会发现，这两件事情不仅关联在一起，电和磁其实是同一事情的两个方面。

什么叫同一事情的两个方面？比如说手有手心和手背，电和磁就是同一个事情在时间和空间上体现出来的两个方面。那么，电和磁为什么之前不能纳入牛顿力学的体系当中呢？一个很大的原因就是，电和磁可以更好地用“场”的观点来描述。场的观点是法拉第提出的，在现代物理中，“场”是比“力”还要重要的一个观点。

什么叫“场”？我们说一个人有气场，就是说这个人还没有走到你面前，但是他的气势已经扑面而来，这叫气场。当然，气场是我们的一个想象，但是电场和磁场是真实存在的。比如，我拿着一个磁铁靠近你，这个磁铁还没有到你的面前，但是磁铁的磁场在你周围就已经客观存在了。磁场，如果足够强，甚至可以让你飘起来，这就是磁悬浮青蛙以及磁悬浮列车的原理。

法拉第提出了场的概念，但是法拉第并没有通过数学工具描述场的概念，描述场如何运动、发展变化。这个数学工具是麦克斯韦提出的，也就是麦克斯韦的电磁场方程组。麦克斯韦电磁场方程组不仅能描述电动生磁、磁动生电现象，还发现两者动来动去，无穷匮也，可以发出电磁波。然后，赫兹做实验验证，电磁波其实就是以前我们熟悉的光。由麦克斯韦方程组一算，电磁波的速度是每秒约 30 万千米。

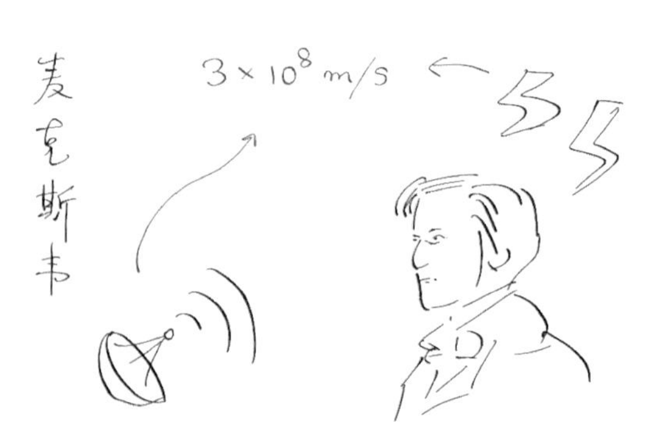

这个事情就很奇怪了。为什么奇怪？我们知道运动是相对的，讲运动，先要有一个参考系和一个参照物。那么每秒 30 万千米这个速度，它是相对于哪一个参照物来说的呢？麦克斯韦说，我算出来的速度就是每秒 30 万千米，与参考系无关。这个事情就很奇怪。为什么？下文再讲。

回到 1900 年，回到世纪之交的时候。上文介绍了在这个世纪之交之前物理都有什么。现在有一个问题是：如果我们是那时的物理学家，还有什么物理可以研究呢？当时，据说开尔文勋爵做了一个演讲，演讲的主旨是：那时的物理学可以看成是蓝蓝的天空上飘着两朵乌云，一朵是黑体辐射，另一朵是光速不变。

这个传闻令人奇怪。我们一般说“蓝蓝的天上白云飘”，或者说“在苍茫的大海上，狂风卷集着乌云”。谁听说过蓝蓝的天上飘着两朵乌云呢？什么叫乌云？乌云是光学深度很深的云，简单说就是很厚的云。在晴朗天空的背景之下飘着两朵很厚的小云，这不是很奇怪的事情吗？

这两朵乌云，可能没那么小；当时物理学的天空，可能也没那么蓝。出于这个疑惑，我查找了一下原文，想看看开尔文勋爵的原文是怎么说的。当时的讲话已经无据可考了，但是他后来将自己的讲话整理成文章发表。文章现在是可以找到的，标题如下：

Nineteenth Century Clouds over the Dynamical Theory of Heat and Light

标题后边是一大串署名。署名虽长，其实就是一个人的名字，只不过名字比较长。这个人就是开尔文勋爵。他的名字为什么那么长？名字长说明他有范儿。我们想想在《三国演义》中，三顾茅庐时的刘备是怎么讲的。刘备说："汉左将军宜城亭侯领豫州牧皇叔刘备特来拜见先生。"诸葛亮的书童一翻白眼，说："我记不得许多名字。""好，就说刘备来访。"所以说，名字长就是有范儿。

I. *Nineteenth Century Clouds over the Dynamical Theory of Heat and Light* *. *By* The Right. Hon. Lord KELVIN, *G.C.V.O., D.C.L., LL.D., F.R.S., M.R.I.* †.

[IN the present article, the substance of the lecture is reproduced—with large additions, in which work commenced at the beginning of last year and continued after the lecture, during thirteen months up to the present time, is described—with results confirming the conclusions and largely extending the illustrations which were given in the lecture. I desire to take this opportunity of expressing my obligations to Mr. William Anderson, my secretary and assistant, for the mathematical tact and skill, the accuracy of geometrical drawing, and the unfailingly faithful perseverance in the long-continued and varied series of drawings and algebraic and arithmetical calculations, explained in the following pages. The whole of this work, involving the determination of results due to more than five thousand individual impacts, has been performed by Mr. Anderson.—

再回到这个文章标题。标题中只说了乌云，但是并没有说蓝蓝的天。为什么没有说蓝蓝的天？因为当时开尔文勋爵其实并不认为物理学是万里无云的，而是只有一小朵、一小朵的乌云。开尔文勋爵实际上很清楚地意识到，物理学当时有很大的问题。但是，当时有很多其他物理学家认为物理学是那种蓝蓝的天上万里无云的状态，比如著名物理学家迈克耳孙。

迈克耳孙当时讲，物理学的研究已经基本上完成了，物理学家接下来的任务就是把物理量测得更精确，精确到六位有效数字。于是，迈克耳孙就身体力行去测光速，测到六位有效数字后发现：光速真的是不变的，不依赖于参考系，不依赖于观测者的速度。这就很神奇了。这就是其中的一朵乌云。

另一朵乌云——黑体辐射是什么呢？比如说包大人包拯的脸，黑得都看不见，但是你可以用非接触式温度计去测他的体温，这就是黑体辐射，也就是另一朵乌云，我们下文讲光和量子理论的时候再提。

两朵乌云这个描述是开尔文提出的，但是他并没有说蓝蓝的天空。蓝蓝的天空是别人说的。为什么都归到开尔文的名下，这是物理学讲课时候的一种简化，不是每个人都愿意在讲到两朵乌云的时候解释一大堆，所以就把其他人的观点也放到了开尔文的名下。那么，为什么放到开尔文勋爵的名下呢？因为他名字长。

回到1900年。站在1900年展望，以后会有什么样的物理学？开尔文看到两朵也好，两片也好，他看到了乌云。现在回头看1900年到现在的发展历史，我们会发现：1900年时，人们实际上只看见一小片的天，这一小片的天就是牛顿力学和电磁学。这一小片天是蓝的，在这一小片天以外，别的地方可以说是乌云密布，并且从后面来看，每朵云彩都下雨。

有哪些云彩呢？从那一小片蓝蓝的天往外扩展一点，我们可以看到更快、更高、更强、更小、更多、更大的物理学。更快说的是狭义相对论，更高说的是高能物理，更强说的是非线性科学，更小说的是量子力学，更多说的是凝聚态与统计物理，更大说的是宇宙学。

现代物理学百年漫谈就是围绕着更快、更高、更强、更小、更多、更大展开的。

1.2 更小：从打地鼠到光电效应

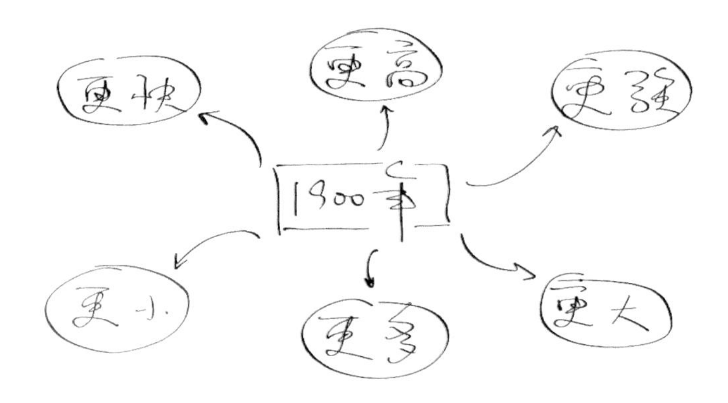

更小，意味着我们进入了量子力学的世界。

更小意味着什么？在童话《爱丽丝梦游仙境》中，爱丽丝喝了一瓶水，这瓶水叫“喝我啊”（Drink Me），喝了以后就变小，变小，变小…… 变小之后，会发生什么呢？假设在没有变小的时候，你正在看我的眼睛。喝了那瓶水后，你会变小，变小，变小……后来你发现，除了我的眼睛，别的地方你看不到了，因为我太大了。然后，在我的眼睛里，你看见了毛细血管，再之后你看到了血管里的细胞，接着看到了细胞里的分子，分子里的原子，甚至电子。

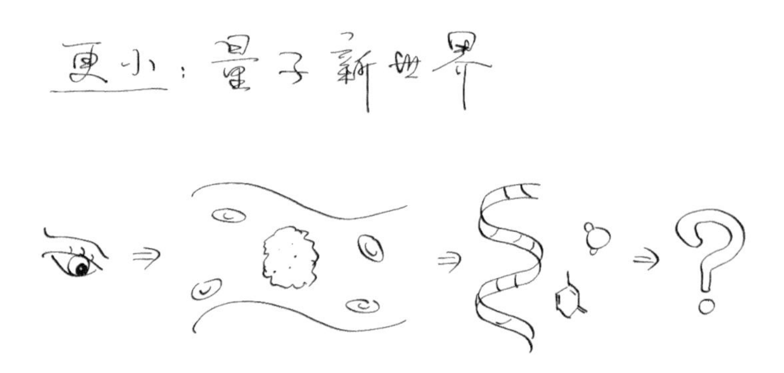

这时你也许会问：变得那么小，自然规律还和我们的常识是一样的吗？

有的是一样的，有的则不一样。举一个例子——光电效应。光电效应是1887 年由赫兹发现的。1902 年，勒纳德对光电效应做了更仔细的研究。光线照到金属上，就有可能从金属中打出电子。为什么？因为光是电磁波，其中的电场会给金属中的电子施加一个力，如果力足够大，“biu”，就把电子打跑了。这就是光电效应。当然，现在讲的是对光电效应的经典物理学上的理解。

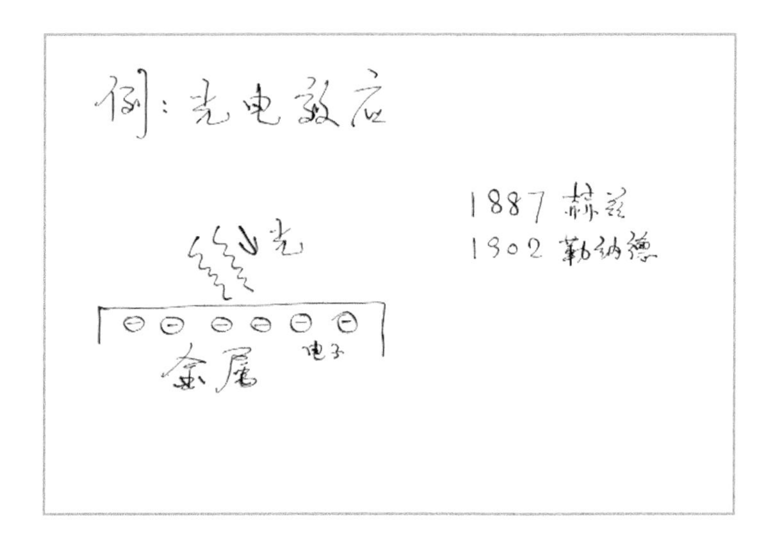

继续做实验探究光电效应的细节，科学家发现，光电效应能不能发生，即光电子能不能被打出，和入射光的频率有关。如果入射光的频率很低，就算光的强度高，也不能打出光电子；而如果入射光的频率高，就算光的强度低，仍然可以打出光电子。

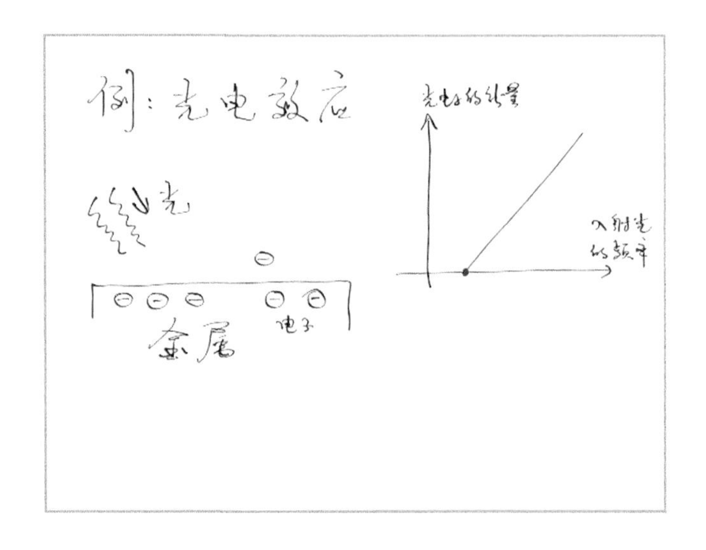

这个结果是不是让人感觉震惊？我记得高中课本里写了“这件事让人震惊”，是不是原话我不确定，但肯定是用了一个程度非常重的词。但是，说实话我当时并没有感觉到这个实验和其他经典实验有什么不一样的地方。所以，如果光电效应没有让你感觉震惊，那么在本书中我尽量让大家感觉震惊。

举一个类比，在“打地鼠”游戏中，一只老鼠从洞里冒出来，然后我们用锤子把它打回去。不过，这里我们不研究怎么把老鼠从洞外打回去，我们来研究这个老鼠为什么从洞里冒出来。假设发生了地震，老鼠感觉很害怕，所以它们就跑出来了。那么，是频率小、幅度大的地震，还是频率大、幅度小的地震，更容易让老鼠跑出来呢？

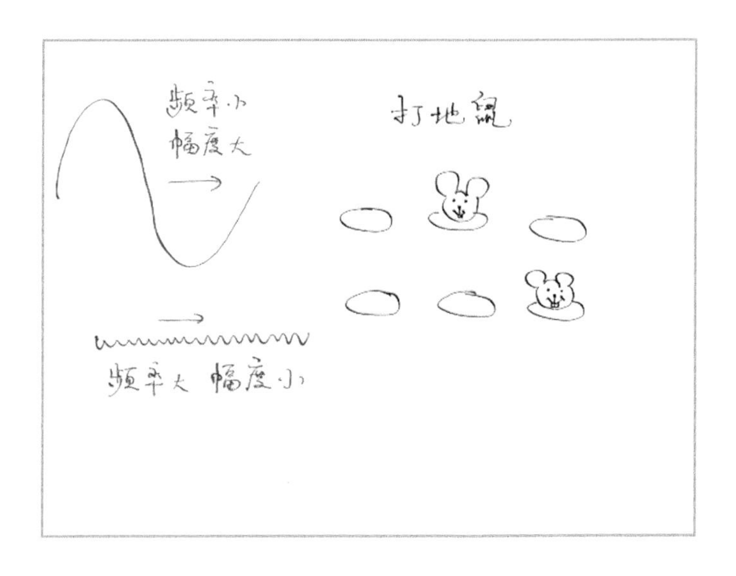

在此，我想分享一段个人经历。2012 年，我在日本做博士后研究，那是日本历史上很有名的一次大震灾之后不久，有很多余震。有一次，余震很厉害，当时我在办公室，感觉地面、周围物体全都在晃。余震停了以后，我赶紧跑出去了，出去以后，发现只有外国人跑出去了。

我绝对不是掐着秒表一看，这个地震的频率好大、好可怕，于是跑出去。我是感觉到晃得厉害——幅度大，所以跑出去。老鼠也是一样的。那么，电子会一样吗?

从经典的电磁学来看，我们可能会以为电子也是一样的：光射过来，如果它振动的幅度足够大，金属拉不住，电子就跑出来了。

但是实验告诉我们，如果电磁波（即光的频率）低，就算强度很高，也没有光电子产生；而频率足够高时，强度低一点没关系，光电子也会产生。这是不是一个让人非常震惊的事情，这和我们经典的想法完全不一样。

怎么理解呢？爱因斯坦想了一个绝妙的办法。1900 年，普朗克提出一个公式：$E=h\nu$，即普朗克辐射量子化公式。基于此公式，1905 年，爱因斯坦提出：光是由一粒一粒的光量子组成的，而每一粒的能量正比于光的频率。振动越快，能量越大，这是爱因斯坦的假设。

这就解释了光电效应。频率高的时候，每一粒光量子能量大，就可以把金属里的电子打出来了。这就好比：你是惧怕一场暴雨，还是惧怕不密集但每一粒都特别大的冰雹？可能你更怕冰雹，因为它会导致灾难性的后果。同样，如果光是一粒一粒的，频率高的时候，就算强度低，也可以把电子打出来。这个绝妙的想法，验证了光电效应。

在解释光和电子之间的关系时，我举的例子扯得挺远的，这是因为我希望读者能有一种共情。有了这种共情，你就能设身处地地想：如果是我，地震来了我会怎么办？有可能我也跑出去了。这种共情实际上就是一种物理直觉。物理直觉就是，如果你能设身处地地为电子着想，你就知道电子在某种情况下应该去做什么样的事情。这样你做物理习题就可以很快乐了。但更重要的是，如果实验中电子没有做你觉得它应该做的事情，而你的物理直觉在经典的图像里是对的，那意味着什么呢？这意味着你有了一个发现，可能是很重要的发现。这就是物理直觉为什么重要。否则，你做了光电效应的实验，但你感觉这个实验结果没有什么可以让人震惊之处，这个结果可能就会一直躺在你的实验报告里，你会认为这个结果连发表的意义都没有。

爱因斯坦利用光量子假说，解释了光电效应。如果一个理论只能解释一个实验现象，这个理论也没什么用，所以我们需要进一步确认。大家如果学过光电效应，教材里一定会讲：我们可以加一个电路，这个电路的截止电压可以测量电子的动能，然后测量出的电子的动能就对应于光电子的能量，光量子能量和光电效应打出的电子的动能两者之间相差的常数，就是光电子要脱离金属表面所需花费的能量。这样就可以验证 $E = h\nu$ 了。通过进一步验证，爱因斯坦的光量子假设好像是合理的。但是，要提出一个新理论，到了这一步还不够，你还要确定这个理论和以前已知的事实不矛盾才行。

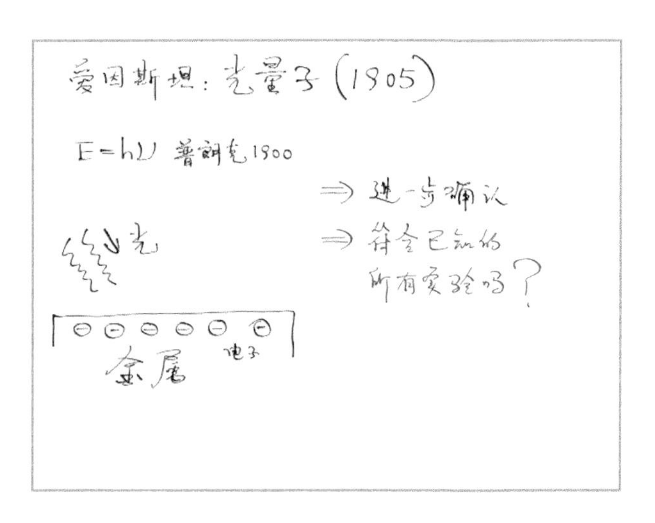

爱因斯坦提出的光量子符合以前的实验吗？符合以前所有的实验吗？据当时的人认为，完全不符合。为什么？麦克斯韦方程组预言了电磁波，这个电磁波就是光。什么叫电磁波？是波动，不是一粒一粒的，而爱因斯坦说光是一粒一粒的。到底谁说得对，还是两个人说的都对？这个我们后面再讲。

上文所讲的只是量子力学的一点开端，量子力学经过漫长的发展，可以解释原子的光谱，还可以解释固体里的能带。固体里的能带，听上去平平无奇，但理解了这个能带就可以做半导体，有了半导体就可以做集成电路、超大规模集成电路，最后就有了手机、计算机，等等。所以说，如果我们不知道量子力学，便不会有这些新事物，即便是经典计算机也造不出来。不仅如此，量子力学不是一个已经完成研究的科学，而是一个正在蓬勃发展的科学。现在非常活跃的研究方向，比如量子计算、量子通信，发展非常地快速，以后这些研究方向可能又会告诉我们：这个世界和我们现在看到的不一样。

1.3 更高："上帝"的菜单

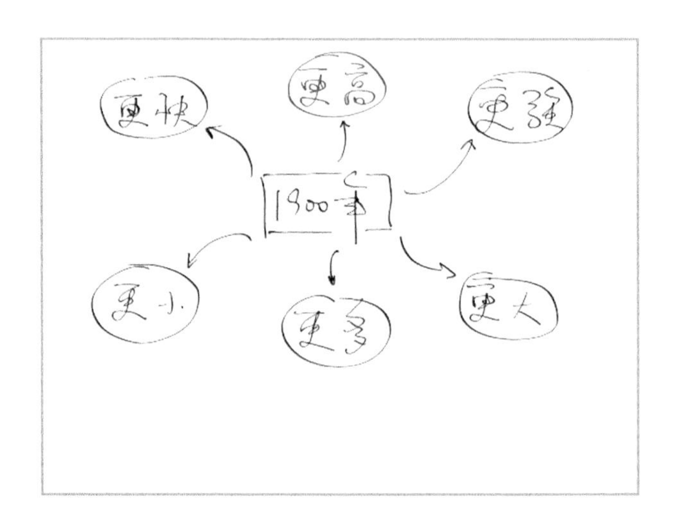

更高，意味着我们进入了高能物理的世界。

什么是高能物理？在此先问一个问题，世界是由什么组成的？大家知道，世界是由原子组成的；原子是由原子核、核外电子组成的；原子核又是由质子和中子组成的；质子和中子又都是由 3 个夸克组成的。那么，电子和夸克又是由什么组成的呢？截至目前，我们还没有看到电子和夸克有任何的内部结构，我们把电子和夸克叫作"基本粒子"。

基本粒子有哪些？是不是只有电子和我们知道的那几个夸克？ 20 世纪 30 年代之前，大家是这么认为的。但在 1936 年，一个叫安德森的物理学家有了一个发现：他在宇宙线里发现了一种新粒子。宇宙线来自外太空，打到大气层上，然后"变出"各种各样的粒子。安德森发现了一种新粒子，各种迹象表明它是一种基本粒子，后来被命名为"μ 子"。μ 子的出现让大家感觉非常惊讶，物理学家拉比曾惊呼：Who ordered that（谁点了它）？

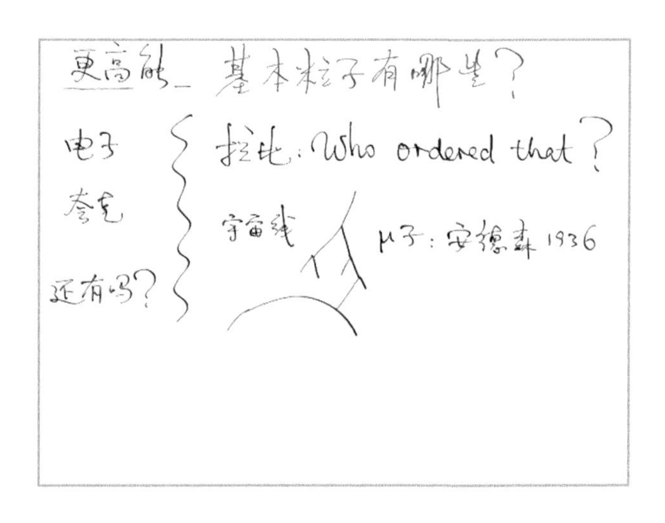

什么叫“Who ordered that”？比如你去一个饭馆吃饭，每次必点的一道菜叫“红丸子”。有一天，你点了红丸子，服务员却给你端上来一盘“白丸子”。你吓了一跳，说我没有点白丸子啊，这是谁点的啊？ Who ordered that? 后来，你才发现这个饭馆不只有红丸子、白丸子，还有熘丸子、炸丸子、南煎丸子、苜蓿丸子、三鲜丸子、四喜丸子、鲜虾丸子、鱼脯丸子、饹炸丸子、豆腐丸子、汆丸子。

我们的世界也是这样。后来我们才发现，“上帝”的菜单里不只有电子，还有“电子它爹”和“电子它爷”，即 μ 子和 τ 子。夸克也是一样的，也有爹辈的，还有爷爷辈的。为什么说“电子它爹”“电子它爷”呢？因为在一般的分类方法中，基本粒子分 3 代，代数高，它就是爹，它就是爷。一个更直观的说法是：这个 μ 子，它不稳定，可以衰变成电子和一些中微子。而 τ 子可以衰变成 μ 子，衰变成电子。所以说，μ 子和 τ 子是“电子它爹”“电子它爷”。我们日常生活中“见到”的电子其实只是一个孙子辈。那么，为什么我们只知道这个“孙子”？这是因为 μ 子和 τ 子不稳定，它们都衰变光了，除非你到非常高的能量里去寻找。

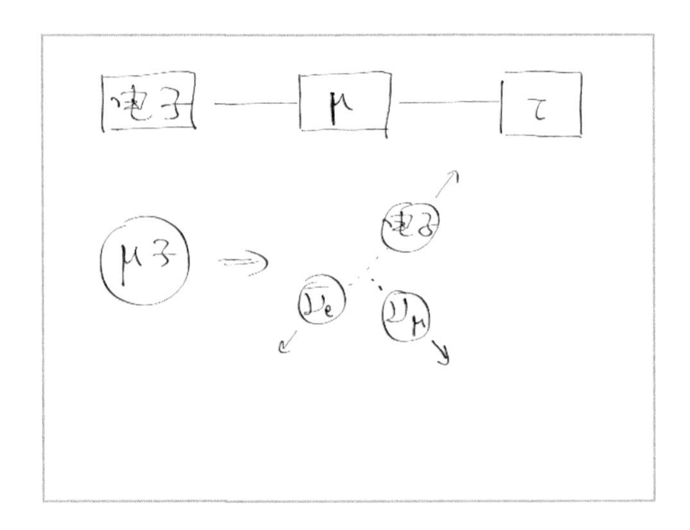

夸克也一样，其他类型的夸克都衰变光了，我们容易“见到”的是 u 夸克和 d 夸克。3 个 u 夸克和 d 夸克组成了质子或者中子。这些是物质粒子。

我们的世界不光有物质粒子，还有相互作用力。在爱因斯坦那个时代，人们就发现，原来相互作用力也是对应粒子的。比如说，电磁力对应的粒子是光子。这个世界中的相互作用力只有电磁力吗？不是，还有强相互作用（强力）和弱相互作用（弱力）。

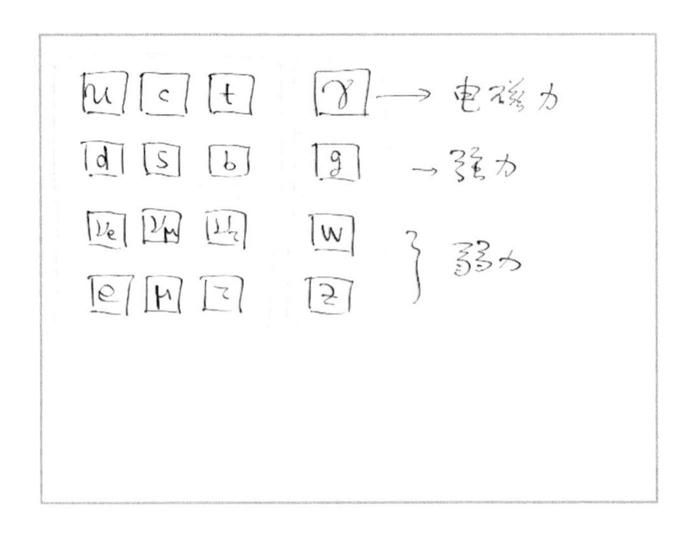

为什么在日常生活中我们没有看见过强相互作用和弱相互作用呢？在我们日常生活的能量下，弱相互作用非常弱，所以我们看不见。在我们日常生活的能量下，强相互作用非常强，所以我们也看不见。

看到这儿，大家是不是不高兴了？你这不是糊弄人吗？弱，看不见；那强力非常强，为什么还看不见呢？非常强，还真看不见。打一个比喻，弱力就像是两个人基本不认识，老死不相往来。你去偷听他们说话，能听见吗？他们基本上都没说过话，所以你听不见他们说话。那强力呢？强力非常强，怎么看不见？这就好比两个人之间的关系非常强，假设是一对情侣，他们天天卿卿我我，说悄悄话。你离他们有一定的距离，也听不见他们俩在说什么。所以，强力非常强，也是看不见的。在能量很低的时候看不见，等能量高的时候强力变弱了，就看见了。

那么，在我们的世界中就都是这些基本粒子吗？现在发现还不是。我们的世界中还有很多其他东西，值得一提的是，我们的世界中还有一种“暗物质”。什么是暗物质？我们观测星系，发现星系的引力表现暗示着星系里应该有更多的物质，但是我们看不见，这样的物质叫“暗物质”。不仅从星系里，还有从星系团，从宇宙早期的一些迹象，我们都通过引力间接地发现有这样一种暗物质存在。但是，无论是在地球上做实验，还是分析各种奇奇怪怪的天体，我们还从来没发现暗物质的粒子，所以，暗物质现在还是一个谜。

除了暗物质，还有暗能量。暗能量大概率来讲不是粒子，但也是某种东西。暗能量奇怪到什么程度呢？它连引力都与其他的物质是不一样的。我们虽然看不见暗物质，但它的引力与我们的原子物质的引力是一样的，而暗能量连引力都不一样。一个可能不太严格，但也不算哗众取宠的说法是：暗能量提供的引力其实是一个反引力，即是一个排斥力。暗能量到底是什么？目前我们还不知道。

最后，还有引力。早在牛顿时代，我们就知道了引力，但那是作为一种经典的力。上文提到，力是对应粒子的，电磁相互作用、强相互作用、弱相互作用，我们都找到了它们对应的粒子，而引力的粒子还没找到，因为引力太弱了。我们不仅没找到引力对应的粒子，如何描述引力对应的粒子，这种理论也面临非常大的困难。目前，我们找到了一种理论，叫“弦理论”，这种理论认为这个世界是由弦组成的——这些基本粒子，如果你看得足够仔细，是一个个低维的弦，而不是点粒子。现在，大家普遍认为弦理论是一个自洽的量子引力理论，但是它是不是真的量子引力呢？并且，是不是真的自洽呢？这些问题目前还在研究当中。

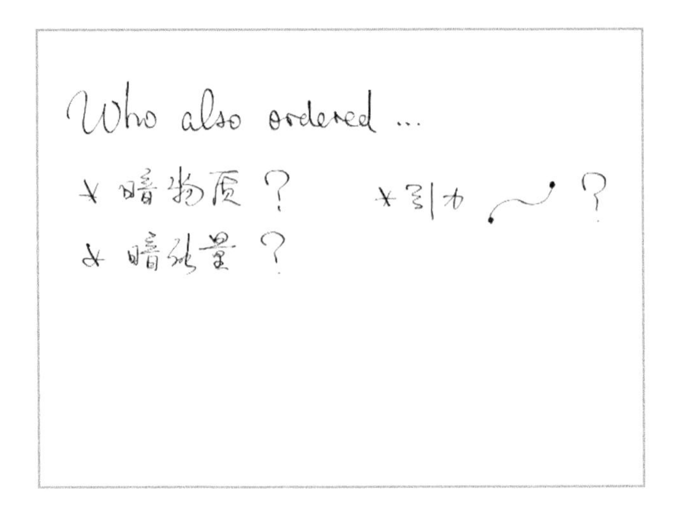

这就是我们的高能物理，更高的内容。

1.4 更快：什么是相对论

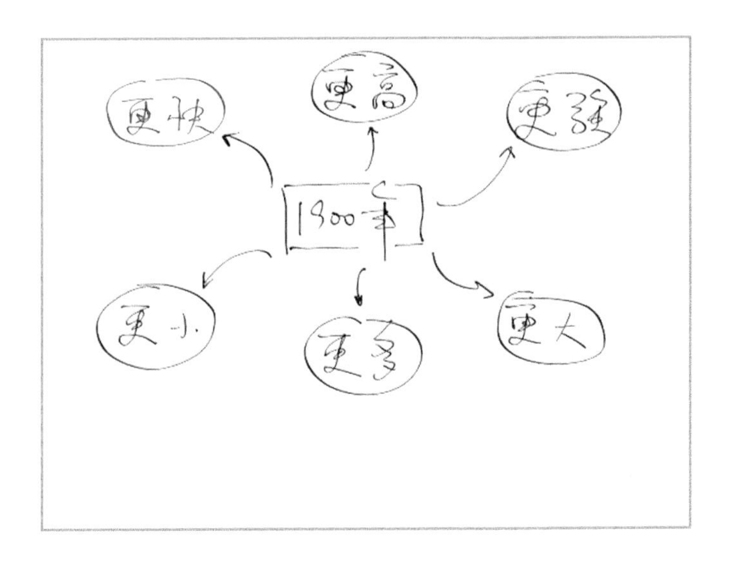

更快，意味着我们进入了相对论的王国。那么，什么是相对论？

世界上没有绝对的事物，一切都是相对的，一切都是暂时的，这是相对论吗？这是哲学的一个流派——相对主义，但相对主义并不是相对论。

运动是相对的，这是不是相对论呢？对，运动是相对的就是相对论，但这还不是爱因斯坦的相对论，而是伽利略的相对论。伽利略的相对论告诉我们，在匀速直线运动的小船里进行实验而不往外看，你无法判断小船是否在运动。伽利略研究相对运动有其历史意义。在哥白尼之前，人们普遍认为地球是宇宙的中心，是不动的，因为我们没有感觉到地球的运动。而哥白尼和伽利略认为太阳是中心，地球绕着太阳旋转。地球绕着太阳转，而且每秒 30 千米，那我们为什么没有感觉到地球在运动？这就是伽利略提出相对论的原因。

插入一道习题（答案见文后）：

什么是爱因斯坦的相对论？爱因斯坦的相对论分为狭义相对论和广义相对论，在这里我们只谈狭义相对论。狭义相对论有两个基本假设，一个是相对性原理，即伽利略的相对性原理，还有一个是光速不变原理。前文我们讲到，麦克斯韦算出光速是一个常数，是不变的；迈克耳孙和莫雷的实验证实事实确实如此。运动是相对的，为什么光的速度相对于静止的观测者和运动的观测者而言，却都是每秒 30 万千米？

这个问题难倒了当时很多的物理学家，但是没有难倒爱因斯坦。爱因斯坦提出了一个非常机智的答案。何为机智？爱因斯坦假设光速是不变的，并用这个基本假设直接把问题解决了。这样假设，问题就解决了，你服不服？当然了，所有人都可以去做假设，爱因斯坦和别人不一样的地方在于他抓住了事物的本质，做的是一个本质的假设，找到了世界的一个基本原理。

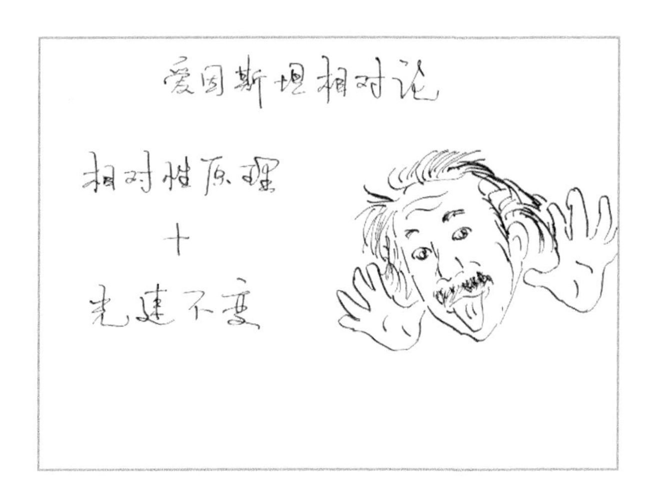

从相对性原理和光速不变原理，我们可以推导出一系列的现象和结论，比如钟会变慢，尺会缩短，时间和空间的概念不再是绝对的，物体的静止能量等于质量乘以光速的平方，还有好多奇奇怪怪的结论——我们看起来奇奇怪怪的结论。

本书只讲钟会变慢的问题，并且只简略地讲一下。有两个观测者，一个叫 Alice，另一个叫 Bob。Alice 在一辆做匀速直线运动的车上，我们假想其运动速度非常快，接近光速。Alice 的车上有一个钟，这个钟叫“光钟”。什么是光钟呢？有一个光源，然后上面有一个反射镜，光射到反射镜上再反射回来，每一次是一秒钟的时间，这就是 Alice 的光钟。

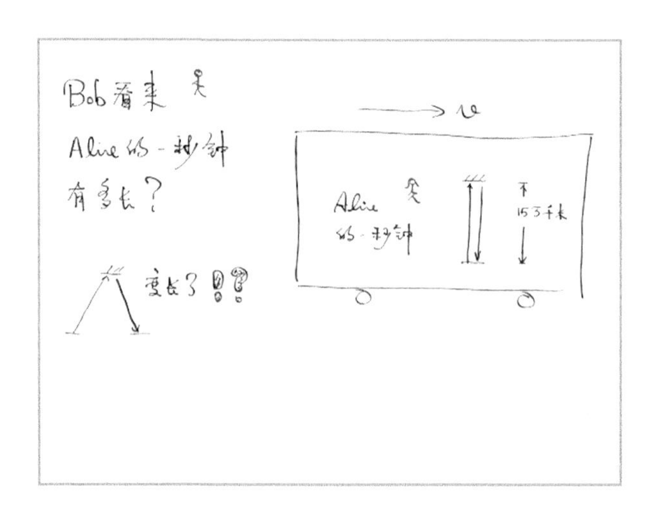

Bob 在车下静止不动，在他看来，Alice 的一秒钟是多长呢？想一想这个问题。首先，光线从光源发出来，传播到镜子是需要时间的。在这个期间，因为车是运动的，镜子跟着车已经运动到一个不一样的地方了。那么，光怎么样才能射到镜子上呢？光要斜着走才能射到镜子上。光是斜着走的，光走的路程更多了。爱因斯坦基本假设——光速不变，那么斜着走路程更长了，花的时间也更多了，也就是说，在Bob看来，Alice的一秒钟相当于更长的时间。

在 Bob 看来，Alice 的钟变慢了，甚至于 Alice 的一切活动都变慢了，包括 Alice 自己也老得没有那么快了，相对来讲更年轻了。

机智如你，可能会提出一个问题：运动是相对的。在 Bob 看来，Alice 变年轻了。那么同理可证，在 Alice 看来，Bob 是不是也变年轻了？怎么可能两个人相对来讲都更年轻了？这个问题叫作“双生子佯谬”。

什么叫佯谬？就是看起来好像是不对的，但是如果仔细考虑，会发现其实没有错，不存在矛盾。双生子佯谬有很多自洽的、各种角度的解决方法，这里我们简略地提一个：如果 Bob 要判断 Alice 是不是相对更年轻了，那么 Bob 至少要遇到 Alice 两次，这样才能测量一个时间间隔，才能知道这个时间间隔里 Alice 是不是相对来讲没有变老得那么快。但是在这个例子中，Alice 和 Bob 都是做匀速直线运动，他们只能相遇一次，所以他们没办法判断时间间隔，也就没有办法去比照两个人是不是都相对变年轻了。

所谓双生子佯谬有相对论的版本，其实也有非相对论的版本。什么是非相对论的版本？举个例子，大家去参加同学聚会的时候，两个老同学一见面，一个说："哇，你好年轻啊！"另一个人马上回应："哇，你逆生长啊！"其实各自都在心想，你说我好年轻，没准你心里想的是，岁月真的是一把杀猪刀。

岁月为什么是一把杀猪刀呢？我们将在下文中讨论这个问题。

习题答案：

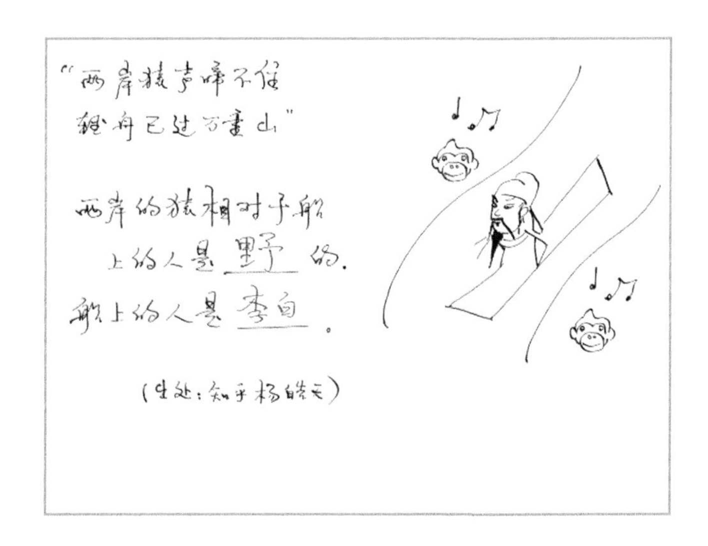

1.5 更多、更强和更大

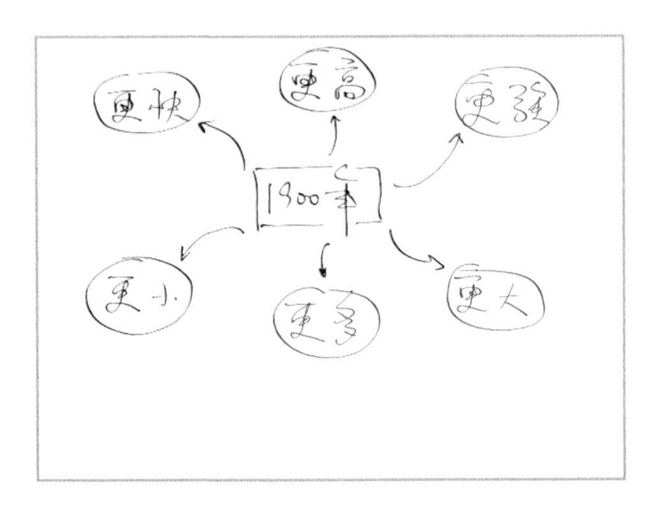

本节我们来认识：更多、更强和更大。

什么是更多？著名物理学家菲利普·安德森有一句名言：*More is different*，多即不同。

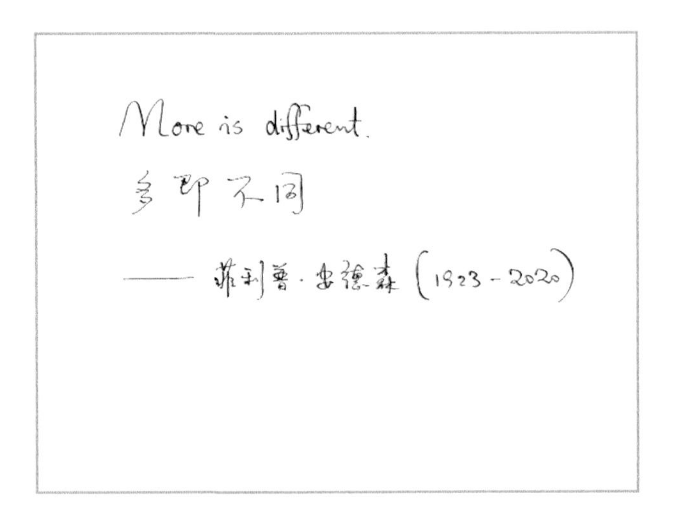

物理学中的更多分为两个方向。一个方向是凝聚态物理，凝聚态物理非常重要，曾占物理学的半壁江山。该方向要用到较多的量子力学基础，这里就不展开讲述。另一方向是统计物理。在本书中，我们也只讲一点点的统计物理。哪一点点呢？我们讲讲熵的概念。

什么是熵？在很久以前研究热力学的时候，我们就知道了热力学第二定律。我们研究热机如何做功，或者说研究在热传导过程中，热量怎么从高温物体传到低温物体。这时，人们会发现一个现象：把传导的热量除以温度，然后在整个过程中，将这个量累加起来，见证奇迹的时刻就到了——在一个孤立的系统中，这个量的累加结果永远是增加或不变的，即只增不减。这就是热力学第二定律，即熵增加定律。

为什么熵会增加？在热力学中这就叫作热力学第二定律。但是，玻尔兹曼给了热力学第二定律一个统计学解释：如果你不是去看气体推动活塞这样一个整体，而是一个分子、一个分子地去看气体，那么熵有另外一个物理意义。这个熵就是气体的混乱程度。这些气体可以有很多状态，将状态数取对数，这就正比于熵。在统计物理中，熵表征物体的混乱程度。

熵的这个统计解释“四通八达”，通向了各个学科或者说各个问题。比如黑洞，黑洞的熵是通向量子引力的一把钥匙。再比如时间，时间箭头是哪里来的？为什么我们有过去、现在和将来？宇宙是越变越混乱的，混乱程度增加了，这就是时间箭头，热力学的时间箭头。还有信息，现在我们处在信息时代，信息科学里有压缩编码，一个很大的文件被压成一个 zip 格式的文件或者其他文件，它就变得很小了，那么压缩率有没有一个极限？再举一个例子，我们的生活已经离不开无线网络，无线网络从路由器到我们的计算机，中间是有一些信息损失的，这样一来我们还有没有可能进行精确的通信呢？

这些问题都要涉及熵的概念。这就是我们“更多”的理论。

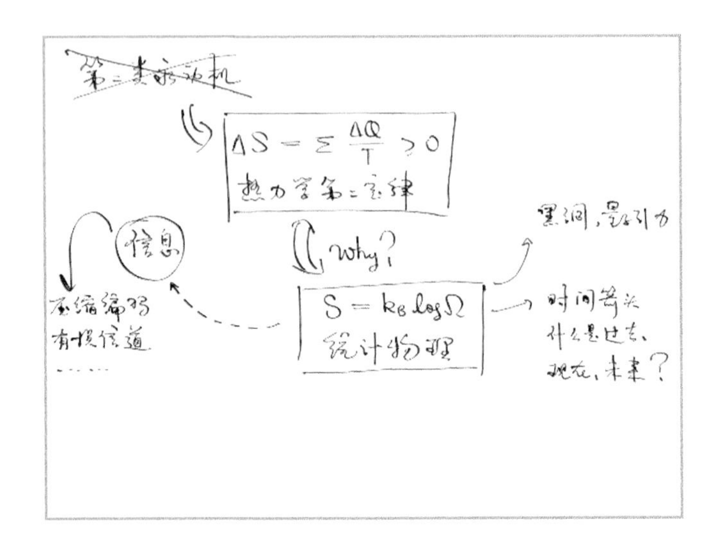

下面我们简单地讲一下“更强”。更强对应非线性科学。非线性科学是一个交叉学科，一个以物理学为中心的交叉学科。其相关问题非常广泛，比如混沌，蝴蝶扇动翅膀会引起千里之外的一场风暴，这就是混沌现象。再比如分形现象。先问一个问题，英国的海岸线有多长？拿地图量一下就可以了，然后用比例尺进行换算，就知道英国的海岸线有多长了。但是，海岸线不是直线，怎么办呢？你可以用一大段、一大段的直线去量，然后还可以用一小段、一小段的直线去量，更小一段、更小一段的直线去量。你会发现一个问题，随着选取的直线段越来越短，英国的海岸线却越量越长，甚至不趋向于任何一个极限了。当然了，真实的海岸线物体都是由原子组成的，到原子层次你就不可能量得再细了。但是我们不妨就按经典的去想，假如有一个经典的海岸线，我们不考虑最后原子的那个层次，最后你会发现量出来的海岸线将是无限长的。你去量任何一个海岸线，都会出现这样的问题。

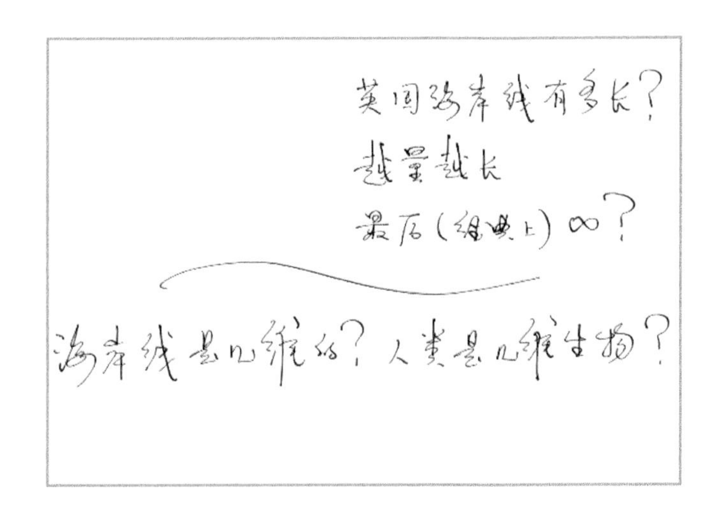

为什么？因为从一定意义上讲，海岸线并不生活在它看起来的那么多的维度里。地图看起来是平面的，那么海岸线应该是二维平面上的一条一维曲线，是不是？其实呢，海岸线比一维在一定程度上多一点，所以你才量不出它的长度。

人是几维的生物？大家肯定知道，人是一维时间、三维空间的生物。只论空间，人是三维的生物，但如果我说人是四维的生物，其实也不完全是胡说八道。从一定意义上讲，人是一维时间、四维空间的生物。为什么？跟海岸线一个道理，越量越长，毛细血管越量越长，很多其他东西也是越量越长。这就是复杂性科学。

最后再讲一下“更大”。大到极限，包括宇宙中所有东西，那么研究的就是宇宙。这里我们只讲一下宇宙学的开端。爱因斯坦提出了广义相对论，又提出了宇宙学原理，这是现代宇宙学的开端。

什么是宇宙学原理？宇宙学原理讲的是，宇宙在大尺度上看，近似是均匀各向同性。均匀，就是说在大尺度上，密度在每个地方都是差不多的；各向同性就是说在大尺度上，我们朝每一个方向看，看到的东西基本上是差不多的。这就是均匀各向同性。

这是一个非常神奇的事情。为什么神奇？爱因斯坦提出宇宙学原理是 20 世纪 10 年代，那个时候我们知道的宇宙是什么样子的呢？我们那时确切知道的只有一个银河系。在地球上看银河，星汉灿烂。

银河系外还有别的星系吗？这在当时是一个悬而未决的问题，是一个存在争议的问题。当然，现在我们知道银河系外还有很多星系，但那个时候是不知道的。一个只有银河系的宇宙，我们在地球上一看，它显然不是均匀各向同性的。

爱因斯坦在当时居然能提出这样一个宇宙学原理，说整个宇宙是均匀各向同性的。这让我想起一个故事，一个牛的故事。有一个牧场，牧场里的牛生病了，牧场主非常着急，找了一个数学家去解决牛生病的问题。数学家辛勤工作了一个月，然后说："好，这个问题我解决了。"牧场主非常高兴，说："太好了，那么这个问题怎么解决的呢？"数学家说："看，这是我的论文，我已经证明了解是存在的。这个问题我已经解决了，非构造性的证明，不用去找这个解是什么，我就可以证明这个解是存在的。如果你再给我一个月，我甚至可以把所有可能的解分成几类。"

这个牧场主非常沮丧，然后他就去找了一个物理学家。物理学家辛勤地工作了一个月，说："好，这个问题我解决了。这是第一步、第二步、第三步，都是非常有可操作性的。"牧场主非常高兴。最后物理学家加了一句："但是这个解决方案只适用于真空中的球形牛。"

从爱因斯坦那个时代来看，提出宇宙是均匀各向同性的，有没有像真空中的球形牛？一个很不切实际的假设。

我再给大家讲一个故事。毕加索在给一个富人作画，富人看了看毕加索的画，说：“你画的不像啊。”毕加索回答：“不要着急，以后你会越长越像这幅画的。”宇宙也是一样，宇宙学观测发现，宇宙越来越像爱因斯坦描述的样子了——均匀各向同性。从那时起，现代宇宙学就已经诞生了。

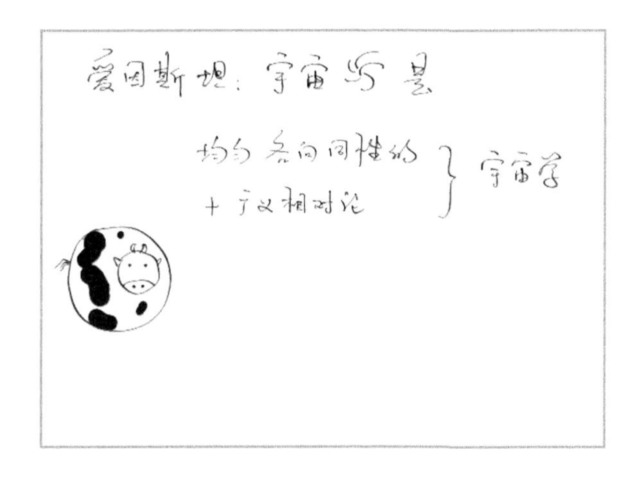

后来，大家又研究出了热大爆炸宇宙学，其中有物质起源的问题，解释了质量的起源，解释了光的起源，解释了结构的形成，以及太阳和地球是从哪里来的。最后还留下了很多问题，比如时间的起点，宇宙的最终命运。这就是宇宙学的部分。

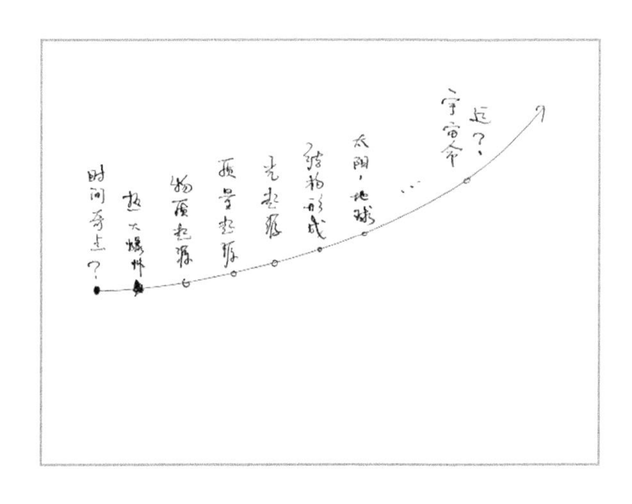

我们对第一章内容做一个总结。我们在第一章中讲了更快——相对论，更高——高能物理，更强——非线性，更小——量子力学，更多——统计物理，以及更大——宇宙学。

在本章最后，我想要提醒大家一点，不要在了解了上述知识后（比如相对论）产生一种想法：我觉得你有一个地方说得不对啊，那么我有了一生的理想了，我要去反对这个相对论。请大家暂时还不要有这样的理想，为什么？因为虽然我们给每一节起了一个花里胡哨的名字，但是本章比较严肃的名字应该是“……引论……引论……引论……引论……引论”。为什么？物理学本来就是物质世界的引论，是物质世界的建模；大学物理专业课是物理的引论；大学里开设的现代物理课是大学物理专业课的引论；而本书实际上是现代物理课的一个引论；最后，我们的第一章是本书的引论。所以，大家有问题非常好，感觉哪里不对也非常好，但是千万不要把此作为自己一生的理想，不再去学习物理的专业课，去反对相对论了。希望大家不要这样做。

第二章
现代物理学之光

2.1 什么是现代物理学之光

开宗明义，“光”是现代物理学之光。

首先从视觉和光谈起。我们绝大多数人都有幸拥有视觉这个天赋，因而我们常常忽视了视觉的重要性、光的重要性。为了提醒大家视觉和光对我们的生活到底有多重要，我在此引用盲人作家海伦·凯勒的文章《假如给我三天光明》中的话。她设想如果可以拥有三天的视力再回到黑暗之中，“我要去看人的善良、温厚和友谊；我要看艺术，通过艺术来搜寻人类的灵魂；我要去看黑夜变为白昼的动人奇迹”。她忠告我们，“善用自己的眼睛，犹如明天我们就会失去它”。她说她相信，“视觉给人带来的愉悦是任何感官都无法与之相比的”。可见，光和视觉对我们多么重要。

对物理学而言，光也同样重要。问几个关于光的问题。第一个问题是：光速是有限还是无限的呢？你听到这个问题可能很生气，觉得自己小学的时候或者幼儿园的时候，甚至还没有上幼儿园的时候，就已经知道了，光速是有限的，光速是每秒30万千米。是的，但你有没有想过光速为什么是有限的？我们是怎么知道光速是有限的呢？

怎么知道光速是有限的，这其实是一个挺难的问题。因为光速太快了，你一打开电灯开关，光“唰”一下就充满了屋子，你从来没有看过光慢慢地过来，对吧？光太快了，人根本看不见光的轨迹。

早在1676年，我们就通过天文学观测发现了光速是有限的。当时人们已经知道用望远镜来观测天文现象，人们观测到了木星的一颗卫星木卫一的“卫食”现象。什么叫“卫食”？“卫食”就像月食一样，太阳射向木卫一的光线被木星挡住了，便发生了“卫食”。

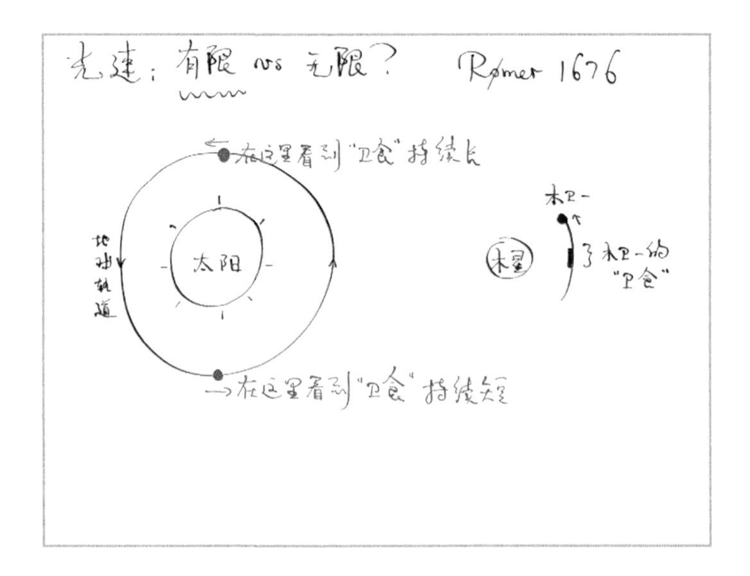

1676年，天文学家Rømer发现，当相对于太阳，地球处于不同的位置时，我们看到的木卫一“卫食”持续时间是不一样的。如果地球远离木星而去，我们看到“卫食”持续的时间长；如果地球是向着木星而来，那么我们看到木卫一“卫食”持续的时间相对短一些。做一个类比，想象一条路上行驶着的汽车，两辆汽车的间隔是一定的，汽车的速度也是一定的。你向着汽车跑或远离汽车跑，你看到的两辆汽车经过你身边的时间间隔是一样的吗？如果你向着汽车跑，是不是测到两辆汽车的时间间隔要短一点？

这里的长和短有一个前提条件，即汽车的速度是有限的，这样你才能测出相对的长短变化。当我们发现地球处于不同位置时测得的木卫一“卫食”持续时间长短不同，便知道了光速是有限的。既然光速是有限的，我们就希望测量出光速。当然了，在1676年，我们对光速只有一个大体的估计，精确的测量光速是19世纪末的事情了。

迈克耳孙和莫雷做了一个著名的实验去测光速。迈克耳孙其实对物理学的发展是挺悲观的，他说物理学可能已经没有什么大发现了，物理学家的工作就是把物理常数测量到6位有效数字而已。

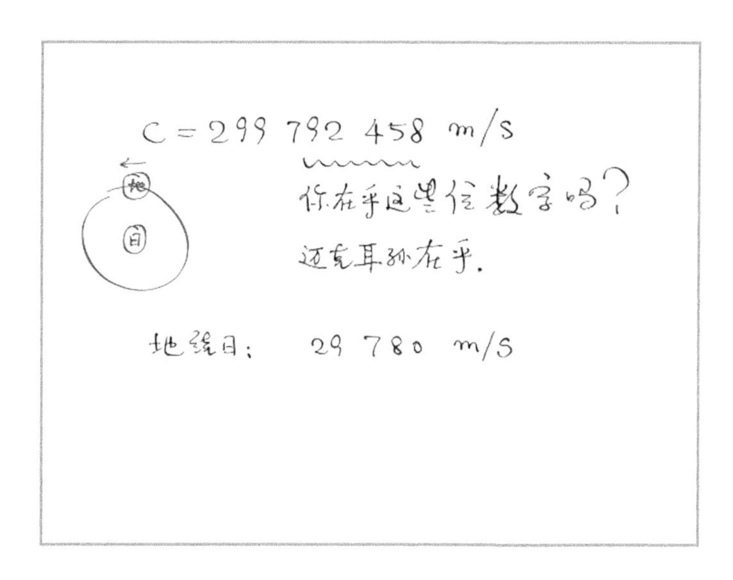

你对6位有效数字感兴趣吗？还是你觉得我们知道光速每秒30万千米就够了？你可能不在乎这些有效数字，但至少有一个人在乎——迈克耳孙在乎。

迈克耳孙为什么在乎这些有效数字？因为当你测到了光速的 6 位有效数字，你就可以知道地球相对于太阳的运动对光速有什么影响，地球绕太阳转的速度就与光速的 6 位有效数字有关。把光速测到这么精确的时候，迈克耳孙发现在地球上测量不同方向的光速，光速居然是一样的。也就是说，牛顿的速度叠加公式失效了，这导出了狭义相对论的基本假设之一：光速不变。

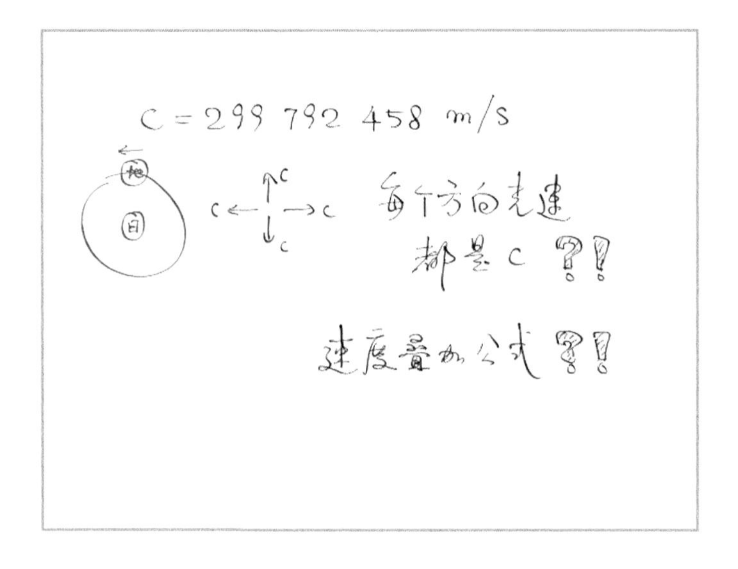

在此我想做两点说明：1. 前面我们是按逻辑顺序讲的，如果从历史角度讲，事情要更复杂。最开始人们认为光像声音一样，需要介质来传播，这个介质叫“以太”。如果有了这个复杂的东西，不仅需要迈克耳孙 - 莫雷实验，还需要光行差的天文观测，我们才能得到光速不变的结论。2. 迈克耳孙没有真的把光速测量精确到小数点后 6 位，它只是把不同方向的光速的差别测量精确到了小数点之后的6位。这是一个非常重要的物理思想，叫作“差值测量”。我们关心的是两个物理量的差，对物理量的绝对数值，我们可能没有能力那么精确地测量，但对物理量的差，我们是有可能测得更精确的。

2.2　光是粒子还是波动

上文讨论了光的重要性和光的速度。那么：光的本质是什么？

以史为鉴，可以知兴替。古人是如何看待光的呢？ 2000 多年前，人们对光的认识还很少，凭借的是自己的感觉——视觉，但那时人们已经开始讨论视觉的本质是什么。柏拉图认为，眼睛发出视线，触摸到物体，然后就看到物体了。有人质疑：那为什么晚上就看不见东西了？德谟克利特认为，万物都是由原子组成的，而原子就像昆虫一样，是不断蜕皮的，原子蜕下的一层皮被眼睛接收到，我们便产生了视觉。又有人质疑：那为什么我们看到的东西可以比眼睛还大？当时的智者对光的认识，在现今的我们看来是很幼稚的。而我们对光能有新的认识，正是因为我们站在巨人的肩膀之上。

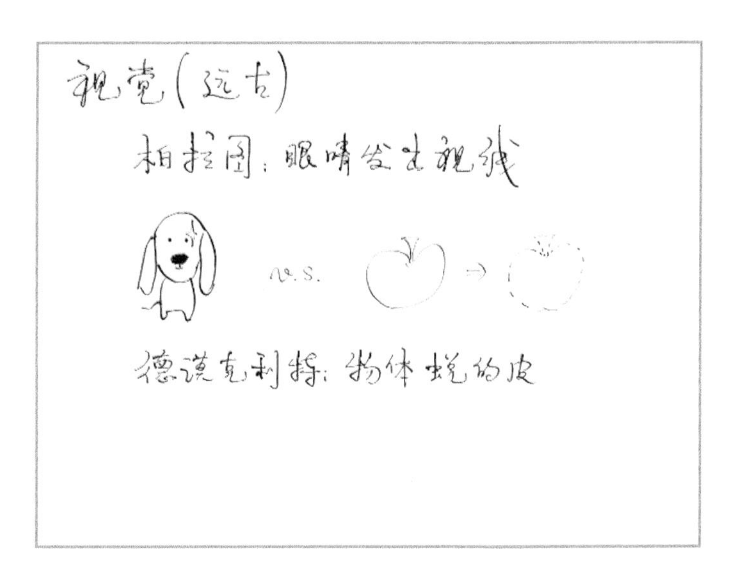

几百年后，人们对光有了进一步的认识：我们之所以能看到物体是因为物体发出或者反射的光通过媒介到达了我们的眼睛。笛卡儿、胡克等人提出

光是一种波动，这个观点在物理学史上非常重要。胡克等人发现了光的衍射现象：当光射到一个小孔的时候，这个小孔就像新的光源一样，发出新的一列的波。光的衍射实验虽不是太难，但也不那么容易做。我们可以用水来类比：准备一盆水，首先拍动水让其产生波纹，然后放置一个障碍物，只留一个小小的通道让水波纹通过，我们会看到，新的波纹从这个小小的通道处开始产生了，这就是衍射现象。

光（前牛顿时代）

肯迪（796-873AD）：media →

笛卡儿（1596-1650）：光是波动！

胡克（1635-1703）等：

衍射

BTW：望远镜与天文学的发展

从那时起，人们认为光应该是波动。时间到了 1666 年，牛顿那时本应该在剑桥读书，因为瘟疫，他只好回到乡下。在这一年，牛顿发明了微积分，发现了万有引力定律，并且发现了光的色散。由于这三大发现，这一年后来被称为是“物理学的奇迹年”。（物理学的另一个奇迹年——1905 年，那是爱因斯坦的奇迹年，同样是三大发现。）

微积分和万有引力暂且不表，我们在此谈谈光的色散。牛顿发现，一束白光射到棱镜上，可以分解成“红、橙、黄、绿、青、蓝、紫”的光谱。牛顿认为，白光是由不同的微粒组成的，通过棱镜时，不同微粒的折射角度不同，于是产生了光的色散。这就是牛顿的微粒说。

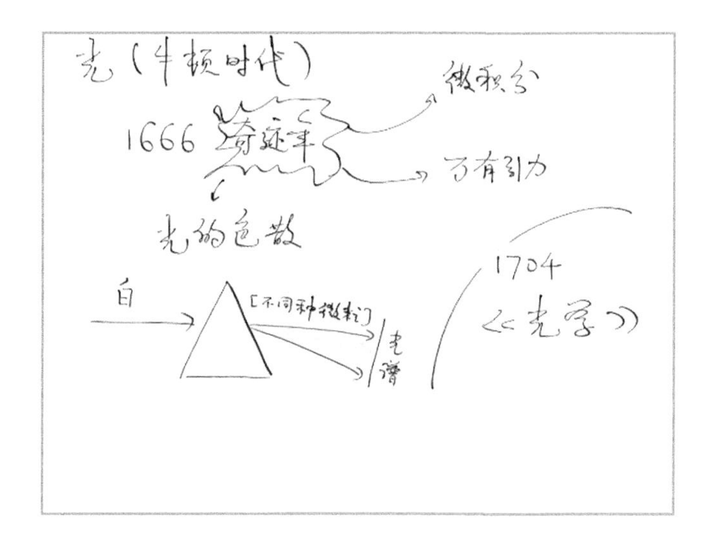

牛顿的微粒说提出以后，受到了波动说支持者胡克的猛烈抨击，以至于之后的几十年，牛顿对光的本性问题一言不发——没有发表任何的言论和作品。直到 1704 年，牛顿才发表了一部巨著——《光学》，奠定了此后 100 年人们对光的认识的基础。而在前一年，即 1703 年，胡克去世了。我们不知道这之间有没有因果关系，但是至少有时间上的先行后续关系。

此后，光的微粒说统治了物理学几乎 100 年。直到 1801 年，托马斯·杨发现了一个现象，即双缝干涉。从波源发出两列波（假设光是波），然后两列波通过两个很狭窄的缝，这两个缝就相当于新的波源，发出两列波，而这两列波最后在一个屏幕上相遇。两列波在屏幕上相遇时，会发生什么现象呢？会有干涉条纹，即光程差是波长整数倍的地方非常亮，而光程差是半个波长的奇数倍的地方是暗的。这正是波动所具有的特性——干涉相长与干涉相消。

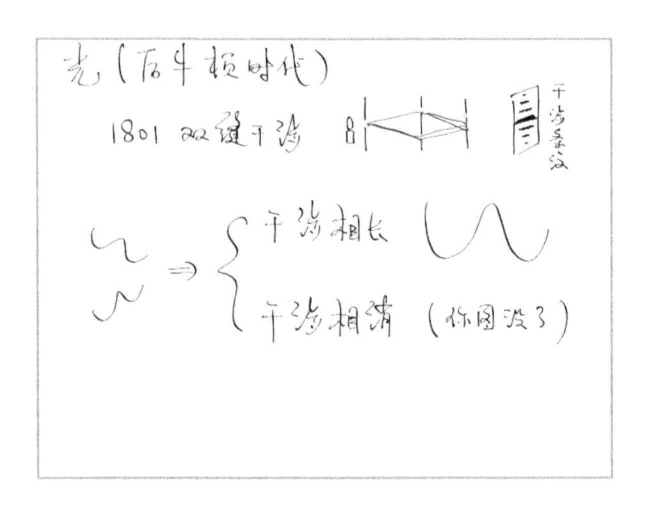

60年之后，麦克斯韦提出麦克斯韦方程组，由其可以推导出电磁波，然后，赫兹验证了光就是电磁波。从这时起，“光是波动的”深深地烙印在每一个受到良好训练的物理学家的脑海里。

光是波动的与精密测量十分相关，它帮助我们把长度测量得非常精确。我们知道，可见光的波长是 $10^{-7}\sim10^{-6}$ 米，而我们的实验仪器通常是米的量级。这使得我们能把物理量测到 6 位有效数字的精度，迈克耳孙和莫雷正是借此把光速测到了 6 位有效数字精度。他们有一个光源，光经过一个半透明镜子，经由两条路径，然后又回到半透明镜子，最后回到屏上。迈克耳孙和莫雷精细地调节仪器，使得屏上的干涉条纹是干涉相消的。然后再转动仪器，把仪器向着不同方向，发现条纹一直是干涉相消的。这告诉我们，不同方向的光速度是一样的，不随地球绕太阳公转的速度而变化。

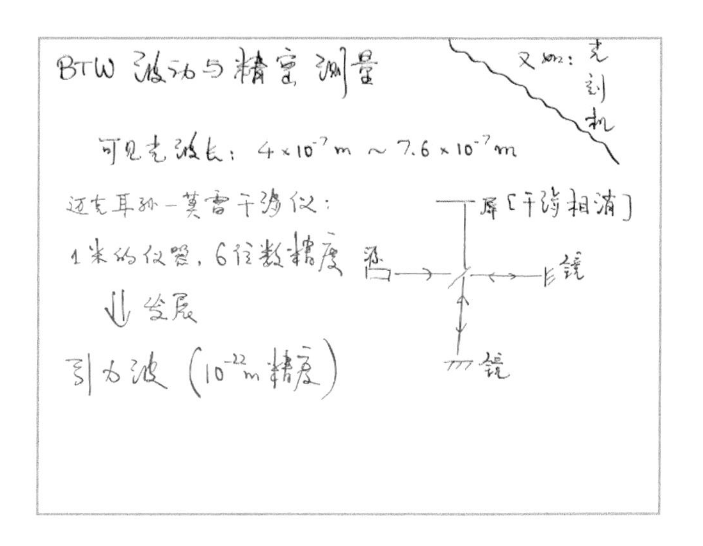

本节介绍了经典的波粒之争。笛卡儿、胡克认为光是波动，牛顿认为光是微粒。微粒说统治 100 年之后，托马斯·杨、麦克斯韦又指出光是波动。这时，光的波粒之争好像已经尘埃落定：光是波动。光是波动这件事极大地推动了技术的发展和其他物理学方向的发展，我们可以借此实现非常精确的测量。其他物理学方向的发展上，光学望远镜让我们看到遥远的宇宙深处；光因其速度是相对论性的，所以它是相对论的见证者，孕育着狭义相对论。光全身都是宝，从不同的方面可以促进不同方向物理学的突破。所以说，光是现代物理之光。

2.3 你见过波动着的粒子吗

关于光是粒子还是波动的争论，到了 19 世纪末看似已经尘埃落定：光是波动。20 世纪初，这个论断又被再加上了一个字——“吗”：光是波动吗？

1900 年，普朗克深入研究了著名的黑体辐射问题。黑体辐射就像包大人的脸，非常黑，不反射光，所以看不见，但可以用非接触式温度计去测量体温，因为黑体会辐射。怎么去计算黑体的辐射呢？如果用经典电磁学去计算，就会发现包大人的脸熠熠发光，可以发紫光，还有紫外线，波长越短的光，包大人的脸焕发得越多。但是我们并没有看见，也就是说这个计算是有问题的。如果经典的计算不可信，怎么办呢？

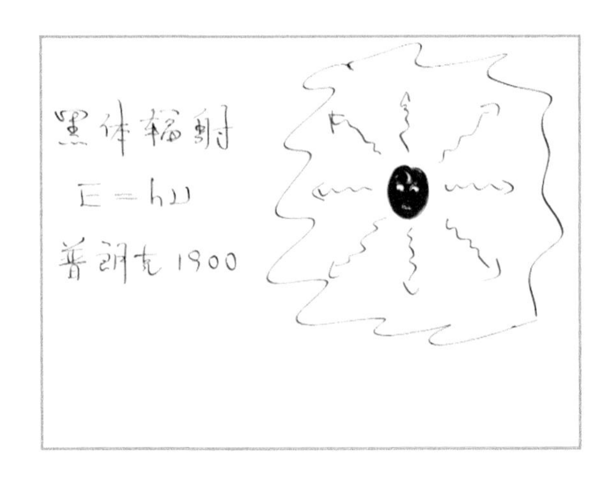

普朗克想了一个办法。首先他猜了一个公式，刚好和实验是可以吻合的。普朗克就想：黑体辐射公式的物理意义是什么呢？他想出了一个物理解释：频率更高的光更难发出。怎么让频率更高的光更难发出呢？频率更高的光更懒，块头更大，发一次频率更高的光要付出的能量更多，频率更高的光就更难发了。

怎么让频率更高的光块头更大呢？这就涉及块头的概念，什么叫块头？粒子有块头好理解，粒子可以大一点，可以小一点。但你听说过波有块头吗？所以从这儿开始，光可以被我们想象成一种粒子。普朗克所说的光的块头更大是什么意思呢？物质发出来的光的能量等于一个常数（后来大家为了纪念普朗克而称其为普朗克常数）乘以光的频率。能量与光的频率成正比，频率越高的光，越紫外的光越难发，这样就可以解释黑体辐射了。

这个事情看起来很奇怪，之前说光是波动，波动哪来的块头，普朗克的意思是当波动的振幅越来越小，最后光就变成一粒一粒的，至少发光的过程就变成一次一次、一粒一粒的了。举一个不是特别恰当的类比，保护嗓子的一种方法叫“发气泡音”，开始说话时声音大一点，然后声音一点点减小，这个时候声音就有点一粒一粒的感觉了。光也是这样，只不过光的一粒一粒的“粒”可比气泡音的这个“粒”要小多了。

爱因斯坦在 1905 年解释了光电效应，也是利用光子的能量正比于频率。提到光电效应，其实我们根本不用去做实验，只要把日常生活中遇到的现象多想一想，在生活当中就能发现。我们为防止被太阳光晒伤而经常在皮肤上涂防晒霜。防晒霜是怎么防止我们被太阳光晒伤的呢？是不是防晒霜把太阳光给吸收了，没有晒到皮肤上？那为什么你的脸没有变得像包大人一样，把所有的光都吸收了？你可能会说这不是吸收，是太阳光过来以后，防晒霜把太阳光都反射回去了。那涂了防晒霜之后，你的脸为什么没有熠熠发光？我们知道，太阳光是由很多不同波长的光组成的，包括紫外部分、可见光部分和红外部分。我们并不怕可见光，防晒霜给你挡的其实不是可见光，而是强度相对小一些的紫外光。为什么要挡紫外光？从光的量子化看，紫外光每一个光子的能量大，它打到皮肤上，打到细胞里，就会对细胞造成伤害，会损害皮肤 DNA 等。我们真正怕的是紫外光，原因就在光电效应。

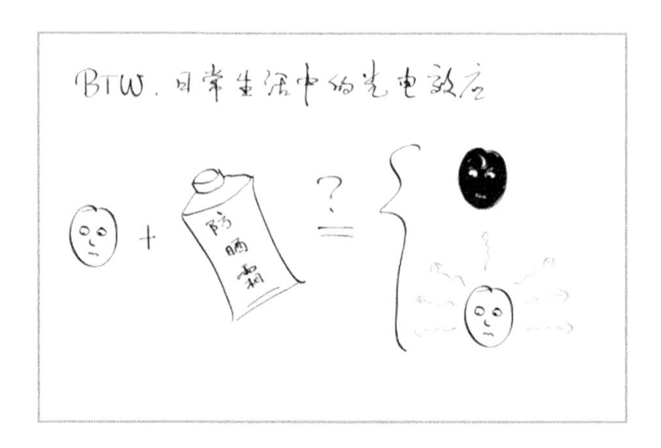

光子说是不是挺有道理的呢？但之前我们讲了那么多波动说，也是有道理的。波动说近代是从双缝干涉实验开始的，怎么用光子来解释双缝干涉实验呢？有一个非常绝妙的办法，就是低亮度双缝干涉实验。亮度低到每一次通过双缝的只有一个光子，通过这样低亮度的双缝干涉实验，我们会得到什么样的结果？

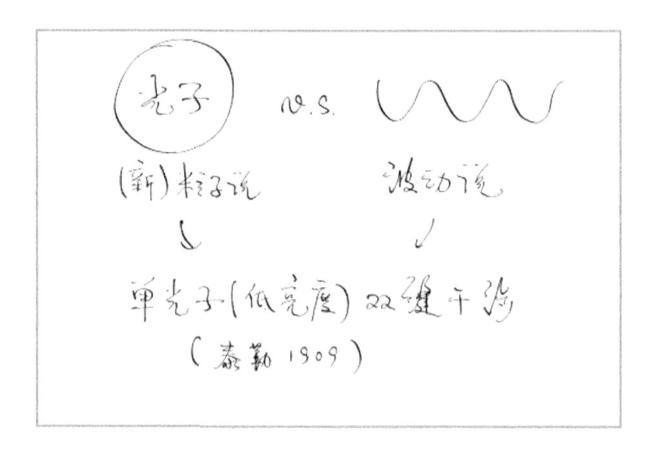

我们发现，每一个光子打到屏上，都呈现为一个点，看起来好像是粒子

的行为模式，然后点的位置看起来是随机的，但是位置服从一个概率分布。这个概率分布是怎样的呢？是波的干涉分布！屏上的位置对应的光程差如果是整数倍的波长，那里就是干涉相长，光子达到这一点的概率大；如果光程差是半整数波长，那么达到这一点是不可能的，概率等于 0。

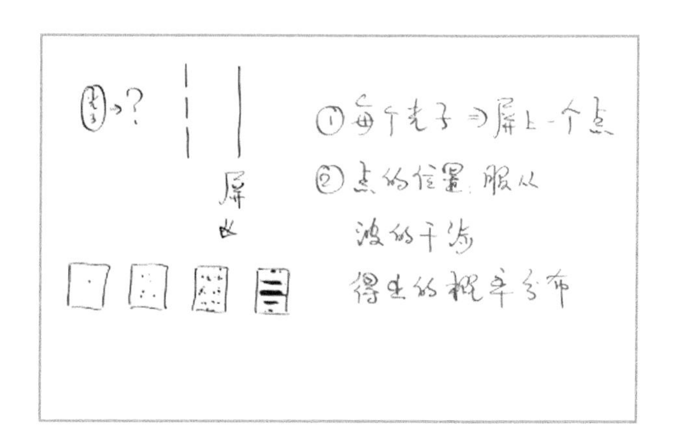

这就是用光子的概念去解释单光子双缝干涉实验：很多光子汇聚到一起，最后就形成了看起来比较经典的干涉条纹。你可能要问，这到底说明了光是粒子的，还是光是波动的呢？

讲到这里，忽然小明举手了：“老师我有一个问题。如果我们多放一些板，然后在板上打多一些的缝，会发生什么样的现象？”如果我们多放一些板，多打一些缝，那么光可以通过每一个板上的每一个缝，最后所有的光路在屏上进行干涉，产生干涉条纹。当然如果板足够多、缝足够多，干涉条纹可能就看起来越发奇怪。

然后小明又举手了：“老师，如果我有无穷多个板，无穷多个缝，会出现什么样的现象？”我们在板上打孔，打了很多的孔，打无穷多个，则空板不见了，怎么办？前面我们知道有板、板上有缝的时候，光是走所有的路径，然后进行干涉。现在板不见了，我们怎么去计算光的干涉？

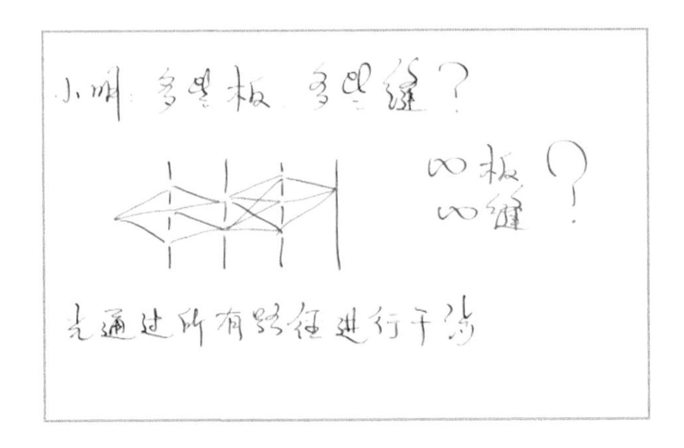

古龙先生在《多情剑客无情剑》里，告诉了我们这种情况下怎么去计算光的干涉。李寻欢遇见了上官金虹，李寻欢问："你的环在哪里？""在心里。""你的板呢，在哪里？""在心里。"虽然我们的空间中有太多的孔，板已经被我们打得不见了，但是我们仍然可以在心里假想是有板的，然后板上有无穷多的缝。

光从 a 点传播到 b 点，经过所有的板，经过板上所有的缝，然后在 b 点进行干涉，产生干涉图像，即从 a 点传播到 b 点的概率。也就是说，我们看到光线好像走直线，"唰"一下就传过来，实际上光子很辛苦的，光子是沿每一条路径都传播了一遍，最后在一个点上形成了总的结果。就像印度诗人泰戈尔曾经说过的：旅行者要在每一扇陌生的门上扣问，才能找到自己的家。

光子也是这样，要在每一条陌生的路径上尝试，最后才能完成从 a 点到 b 点的征程。这就是小明的问题，深究起来里边有非常深刻的道理。这个"小明"就是——费曼，而这种方法叫作路径积分方法，是量子力学的一种表述。

这种表述不只适用于光子，也适用于电子、原子，适用于世间万物。

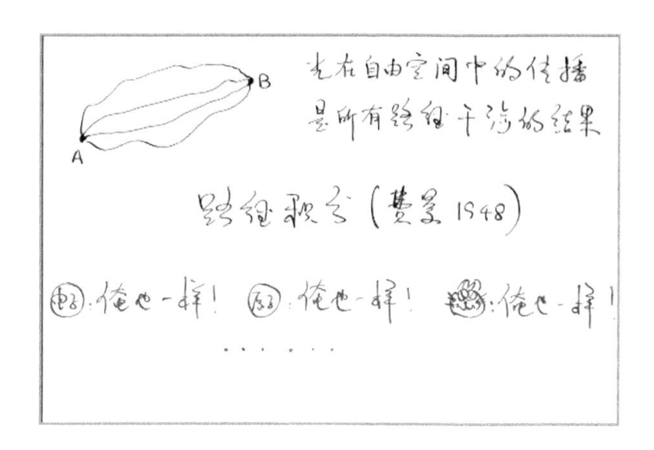

顺便提一下，虽然在物理学界，路径积分已经被非常广泛地应用了，但是数学家却尽量避免使用路径积分，因为路径积分的数学基础还没有建立起来，还不是一个严密的数学理论。有一个数学家朋友告诉我，他在做研究的时候，有时偷偷地用路径积分做一个计算，然后写论文的时候，把路径积分的过程去掉，改成一些其他的计算方法。数学上只有严密的步骤，才可以呈现在论文上。这就好比，物理学家讲“人终有一死，或重于泰山，或轻于鸿毛”，数学家会反驳，“你说得不对，应该讲：人终有一死，或重于泰山；或等于泰山；或轻于泰山，重于鸿毛；或等于鸿毛；或轻于鸿毛”。在这里并不是说哪一个好，哪一个不好，毕竟物理学家和数学家的思维方式、他们的追求、他们的表达方式都是不一样的。

小结一下：本节介绍了光量子，光量子仍然可以干涉；通过单光子的双缝干涉实验，我们看到单光子仍然可以有干涉现象；无穷多板，无穷多缝，我们就有了路径积分——光子和任何物质、任何粒子，要在每一条路径上尝试，最后才能传播到另一点。

2.4 什么是波粒二象性

光到底是波还是粒子呢？光具有波粒二象性，一定程度上是波，一定程度上是粒子。你可能对这个答案非常不满意，但这就是答案。

波粒二象性不是波粒“双标”，不是我想什么时候把它当作波（粒子）就什么时候把它当作波（粒子）。有一套确定的物理规则，告诉我们光在什么时候看起来像经典的波，什么时候看起来像经典的粒子。

想一下我们的日常生活，经典的粒子是可数的，是可以标记的。“一个枣、两个枣、三个枣”，这是粒子。粒子还有确定的位置，“出东门过大桥，大桥底下一树枣”。粒子，还有能量、动量，并且粒子相遇时，会发生碰撞——“拿个杆子去打枣”。

而经典的波动是振荡，振幅可以连续地调节，是一个不可数名词。波动是延展的，“念去去，千里烟波”；波具有频率、波长，并且在相遇时发生干涉而不是碰撞。“你记得也好，最好你忘掉，我们相遇时互放的光亮”。

经典粒子	经典波动
可数，可标记 1,2,3…	振荡，振幅不可数
有确定位置	延展
能量，动量	频率，波长
相遇：碰撞	相遇：干涉

那量子物体，比如光，它到底是经典的粒子还是经典的波动？都不是，光确实是可数的——之前我们讲了量子化，但光又是振荡的。后面我们还要讲到，光还有全同粒子的概念，我们没办法去标记这个光子、那个光子。所以，光有一定的粒子性质，也有一定的波动性质。

从另一个角度来看，有的时候光具有确定的位置，有的时候光是延展的。什么时候光有确定的位置？测量光的位置的时候。这就涉及测量，测量现在是这样一个处境：我们知道数学上怎么做，但是对于测量的理解，不同的人有不同的看法。但无论如何，我们有一套数学系统去描述什么时候光有确定的位置，什么时候光是延展的。

粒子有能量，光有频率。公式 $E = h\upsilon$ 把粒子的能量和光的频率联系起来了。

经典的波动相遇会干涉，经典的粒子相遇会碰撞。而两束光遇到一起的时候，既有干涉，也有那么一点点的碰撞，两者之间又是有联系的。

说了这么多，真相只有一个，到底光是粒子还是波动呢？答案也只有一个，就是二象性！谁告诉你光必须是粒子或者必须是波动，在经典的意义上没有人告诉你。

经典的粒子和经典的波动是我们观察熟悉的世界而总结出来的两种形式，但是到了量子世界里，是不是还必须按波动和粒子来分类？不一定。事实上，任何东西，包括光，既有粒子性，也有波动性，有经典的粒子的一部分性质和波动的一部分性质。波粒二象性就好比下面的图，横看它好像是一只鸭子，侧观又像是一只兔子。它到底是鸭子还是兔子？其实都不是，只是你从不同的角度看，它体现出经典上一些鸭子的属性和一些兔子的属性而已。没有人告诉你，这个东西必须要分类成鸭子还是兔子。

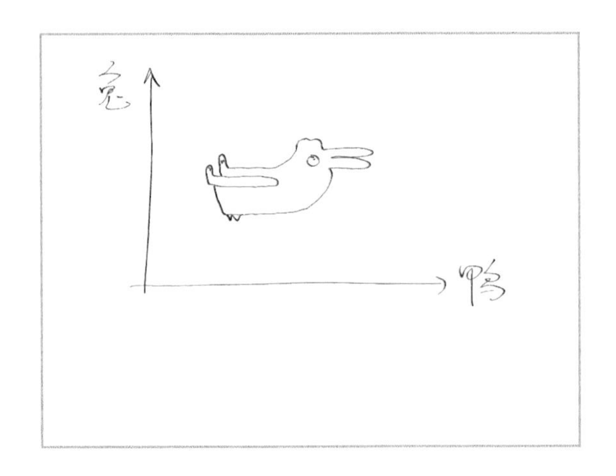

总结一下，光到底是波还是粒子？对不起，它既不是经典的粒子，也不是经典的波，而是具有波粒二象性。并且除了光，其他世间万物也都是这样。如果只有光具有波粒二象性，那么建立量子力学不知要等到何时。这是因为光同时还具有相对论的性质，相对论我们是不熟悉的，同时研究不熟悉的相对论和不熟悉的量子论，难度可想而知。但是，当我们注意到电子也具有波粒二象性时，世界马上豁然开朗。德布罗意提出物质波概念，指出电子也可以用波粒二象性来研究，很快，薛定谔就提出了描述电子行为的波动方程。几乎同时，稍早一点，海森堡提出了矩阵力学，从此，量子力学的数学框架开始搭建起来。

第三章
漫游量子世界

3.1　从《聊斋志异》到量子隧穿

本章介绍量子力学。量子力学本身是一个物理理论，但它又高于一个具体的理论，它是一个理论框架，所有的物理理论都可以融入这个框架中——目前除了广义相对论以外。量子力学量力而学，我们本章只对量子力学中一些有意思的现象“浅尝辄止”。

我们已经了解了“单光子双缝干涉实验”，这是量子力学中非常有意思的一个现象。我们还知道，不仅光子，世间万物都具有波粒二象性。那么，让我们想象一下一个粒子的“单粒子双缝干涉实验”。

本章设定的主人公名叫王七，和梦游仙境的爱丽丝一样，他也喝了“变小”水，变成了与微观世界中原子一样的大小，然后波粒二象性中的波动性就开始彰显了。

王七想要进入一个教室，教室有两扇门，他可以同时通过这两扇门进入教室吗？答案是可以的，因为王七具有波动性。那王七到了教室的什么位置呢？王七所在的位置是由两个路径的差来决定的：当一条路径的路径差是波长的整数倍，王七有更大的可能出现在此路径的终点位置；而当路径差是半整数波长时，则王七不会出现在这条路径的终点位置。这就是双缝干涉。

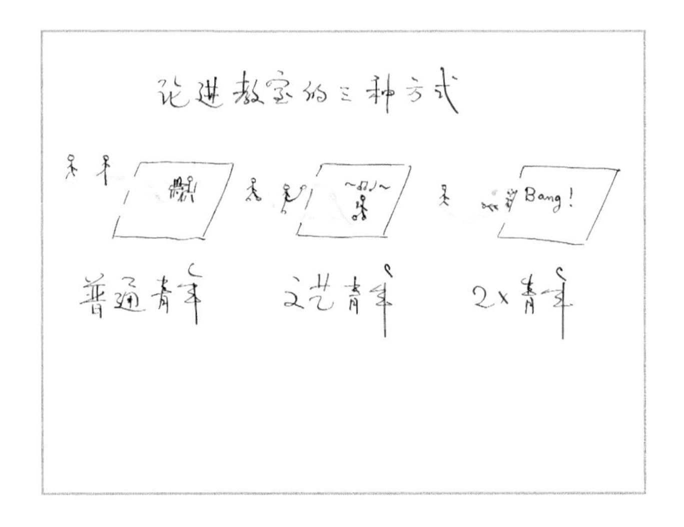

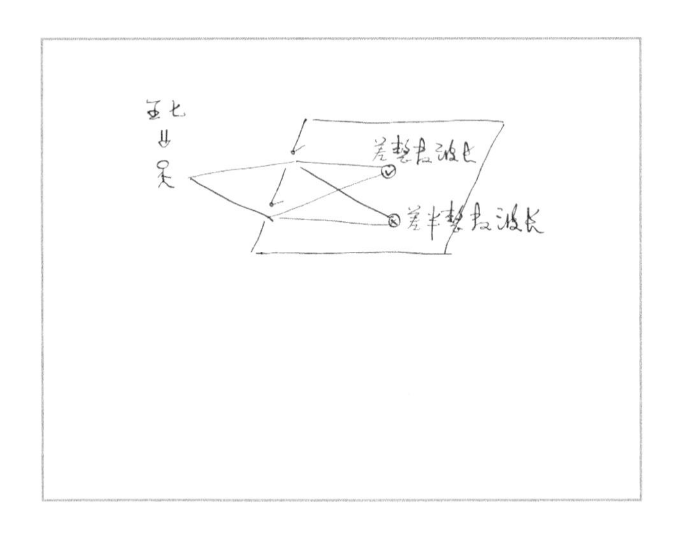

下面，我们把教室的两扇门全关上，王七没有钥匙，面对一堵墙，他怎么办？量子的王七能不能穿墙而过，进到教室里呢？如果王七是一个经典物体，那么他没有办法穿墙而入，除非他的能量大到可以把墙打倒，然后过去；或者他可以跳得足够高，从墙上边翻过去。但是，现在的王七有了波动性，事情就不一样了。

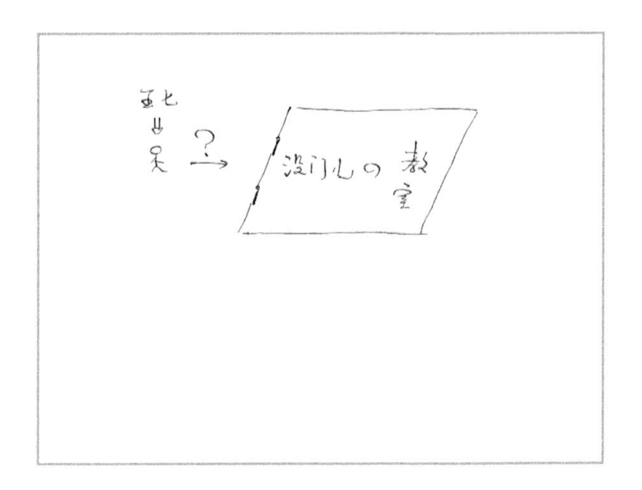

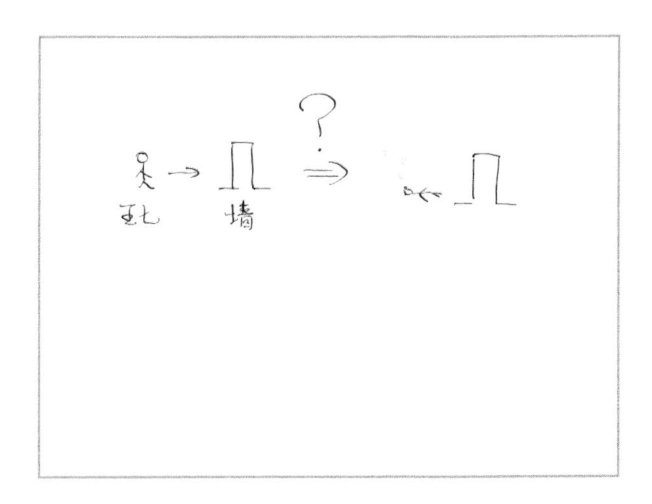

提到穿墙，我们上网搜一下，会搜到“穿墙技术哪家强，请买 ×× 路由器”等内容。这告诉我们，波动是可以穿墙的，路由器发出的无线信号是电磁波，电磁波可以穿墙。从这个例子中我们可以学到两点：第一，穿墙是波动的“种族天赋”，波动天生就会穿墙。第二，穿墙之后波动的幅度会减弱。应用到王七，我们知道：第一，王七是一个物质波，具有波粒二象性，所以他也可以穿墙而过。第二，穿墙以后波动减弱。这就有点恐怖了，为什么呢？你吃一个苹果，最怕的不是没见到虫子，也不是见到一条虫子，而是见到了半条虫子。王七穿过墙去以后，摸摸脑袋说“我的头还在吗？”这样岂不是很恐怖？

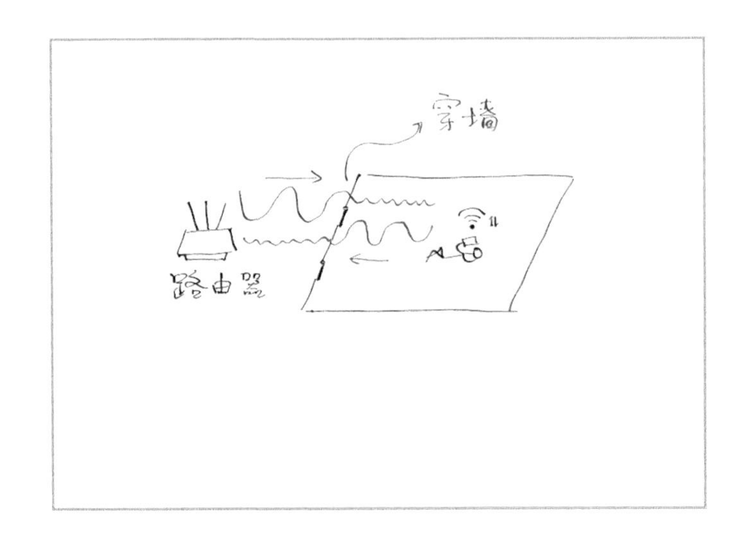

但是，如果我们把王七想象成一个基本粒子，这种事情是不会出现的。所谓基本粒子，就是没有办法再分割的基本单元，已经是最小的一份了。基本单元要么能穿过去，要么穿不过去，不会出现半个粒子穿过去的现象。波动减弱，在基本粒子的范畴里体现为概率减小，也就是说这个粒子有很大的概率留在墙外、被墙弹开，而有一个很小的概率能穿过这堵墙。这种穿墙而过的现象，在量子力学里叫作“量子隧穿”现象。

我们的主人公为什么叫王七呢？蒲松龄在《聊斋志异》里写过一个故事，叫“崂山道士”。王七向崂山道士学得穿墙术，试了一下成功了，然后又想再次穿墙向自己的妻子炫耀一下，结果炫耀失败。

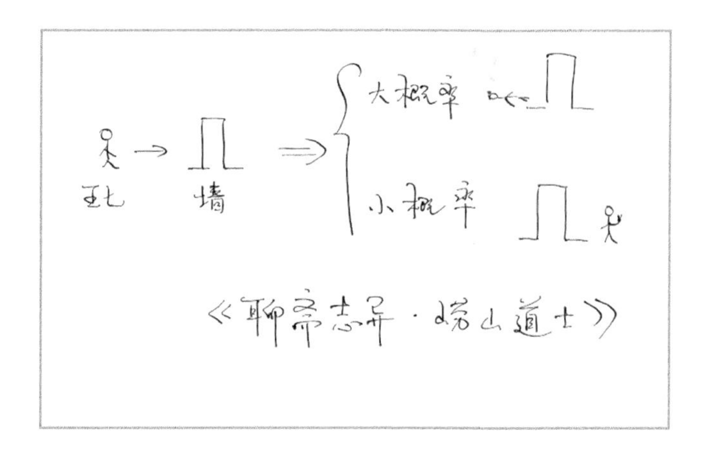

量子隧穿现象如今有了很广泛的应用，例如现代科技所依赖的晶体管便是基于量子隧穿现象。不仅如此，量子隧穿现象还改变了我们对世界的理解。

我们可以囚禁住一个电子吗？这件事情听起来好像是可能的，比如说施加一个磁场，电子就只能在磁场里绕圈了。但是，我们只可以相对地囚禁住一个电子，不可能做到绝对囚禁。任何的囚禁方法实际上都相当于在电子周围造了一堵墙，这面墙可以很高，可以很厚，但是我们要记住，电子总有一个虽然可能很小但不等于 0 的概率穿墙而出。绝对囚禁住一个电子是不可能的！

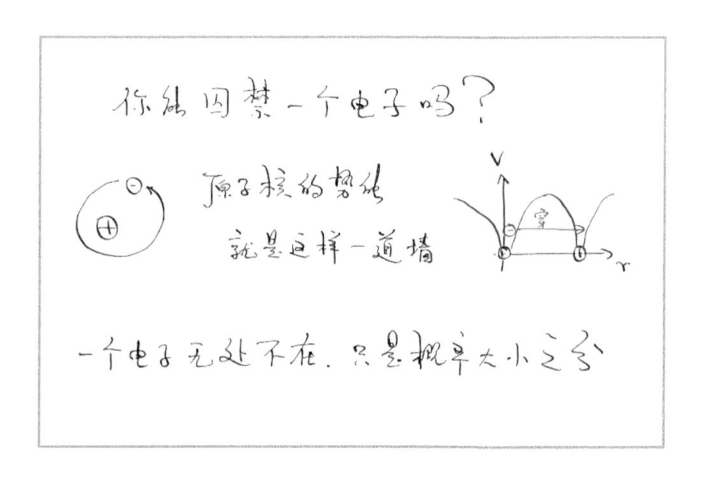

一个电子在整个宇宙当中其实是无处不在的，只不过我们可以让它在我们想让它在的地方概率大一点，在我们不想让它在的地方概率小一点，但是归根结底，这个电子无处不在！

如果这种说法对你的世界认知还没有什么触动，那么我再问一个问题：世界上有两个不同的电子吗？想象一下，我们变小了，跑到一个原子里边，有没有可能指着一个电子，说它是从别的原子里面跑过来的“内鬼”，把它揪出来。我们能不能指名道姓地去标记一个电子？对不起，在基本粒子的层面，我们做不到。大家想一想，在经典的层面，如何标记两个小球或者说两个人？要标记两个经典物体的区别，有两个办法，一个是内在的，另一个是外在的。

这个人和另一个人长得不一样，这是什么意思呢？就是这个人这儿多了一些粒子，那个人这儿少一些粒子。但是到了基本粒子层面，粒子已经不再可分了，你不能说这个基本粒子这儿或那儿多了一些粒子了。到了基本粒子层面，电子就是电子，光子就是光子，你找不到两个长得不一样的电子或光子。

从内在上没有办法区分，那么从外在上能不能区分呢？经典的人，即使两个人长得很像，你一眼可能看不出谁是谁，但是可以一直跟踪他们。在量子世界里，对于一个基本粒子而言，这是做不到的。这个粒子是无处不在的，可以在这儿，也可以在世界上任何其他地方，只不过概率不同。

从内在上不能标记一个电子，从外在上也不能标记一个电子，把这一结论上升到一个原理，就是“全同粒子原理”。在量子力学里，我们是没有办法去标记粒子的。电子虽然是可数的，我们可以数一个、两个、三个电子，但是不能标记这个电子、那个电子。

小结一下：波动性不仅带给我们双缝干涉，还带来了隧穿现象，基于隧穿现象，我们可以制造出很多的电子元件。不仅如此，隧穿现象还告诉我们，本质上一个电子是无处不在、充满整个宇宙的，进而我们没有办法去标记任何一个基本粒子。

3.2　不确定性原理：拯救世界的大英雄

本节学习量子世界的另一个基本性质——不确定性原理。我先给大家讲一个例子。我在街上行走，迎面看见一位大哥，这位大哥戴着一条金链子。金链子真好看，我想再看看是什么牌子的。这下把这位大哥惹毛了，大哥说："你瞅啥？"如果我要顺嘴回一句"瞅你咋地？"事情就比较麻烦了。用物理的话说，我的观察和实验改变了物理系统的性质。

从经典物理的角度上来讲，这种改变物理系统性质的观察和实验是不好的，我们应该更温柔、更轻微地去观察，不去影响系统，这样才能得到系统的客观信息。回到刚才的例子，也就是说，我可以偷偷瞄一眼，虽说瞄一眼时进入我眼里的光少一点，但是我多瞄几眼，可能就可以看清楚这条金链子到底是什么牌子的了。经典的情况下我们可以这样做，而到了量子的世界，我们就没有办法这样做了。

在量子世界里，有一个量子版本的小小的我，以及量子版本的小小的戴金链子大哥。我是如何看到那位大哥的呢？光射到大哥身上，然后又反射到我的眼睛里。我们知道，光是量子化的，即光的最小单位是一个光子。如果这个光子的动量足够大，使得这个光子射到大哥身上后又能反射到我眼睛里，结果是我看到了这个光子，我大概知道了这位大哥处于什么位置，但是他已经被这个光子“打动”了，他的动量已经改变了。

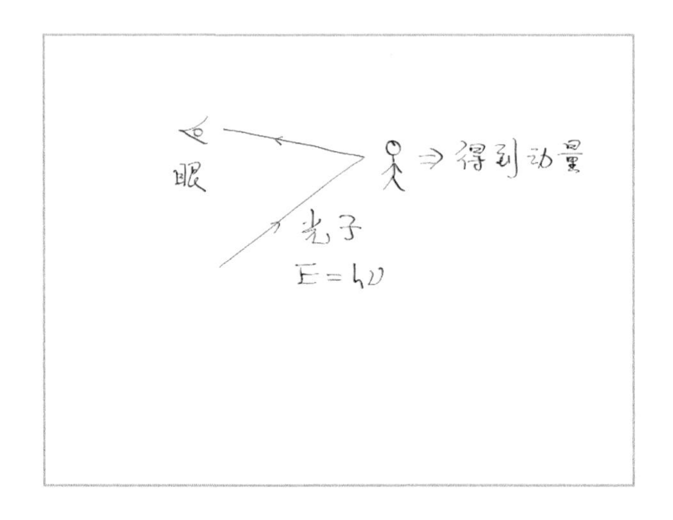

所以，我没办法同时知道这位大哥的位置和动量。你可能想到光子的量子化公式 $E=h\nu$，那么如果用频率小一点的光子呢？频率小一点的光子能量就小了，动量也就小了，对这位大哥的干扰不是也小了吗？

看起来好像是这样。但是，前文我们讲到，波长比较长的光子，比如无线电波，具有“穿墙”的天赋。别说大哥的脸了，就连墙它都能穿过去，所以如果大哥的脸皮没有墙厚，你用这样的粒子根本找不到这位大哥在哪儿，即你不影响他的动量，你也找不到他的位置。

基于这样的观察，海森堡在 1927 年提出了一个原理——不确定性原理：你没有办法同时知道一个粒子的位置和动量，位置的不确定性乘以动量的不确定性等于普朗克常数 h 除以 4π。

不确定性原理

$\Delta x \Delta p \geq h/(4\pi)$

海森堡 1927

普朗克常数是极其小的数，$h \approx 6.63 \times 10^{-34}\ \mathrm{m^2\ kg/s}$。相对于我们的日常生活，位置的不确定度和动量的不确定度乘到一起非常非常小，可以忽略不计。但是，当我们缩小到能进入量子世界的时候，对于量子版本的我和量子版本的大哥，就必须考虑不确定性原理的影响：我能看清楚这位大哥的位置的时候，就不知道他的动量；我知道这位大哥的动量的时候，又找不到这位大哥的位置了。

普朗克常数

$h \approx 6.63 \times 10^{-34}\ \mathrm{m^2\ kg/s}$

$= 0.0000000000$

0000000000

0000000000

$000663\ \mathrm{m^2\ kg/s}$

这是海森堡对不确定性原理的最初观察和理解，后来随着量子力学的发展，我们发现，其实这并不是不确定性原理的本质。不确定性原理的本质其实是量子力学的波动，粒子在位置空间的展宽和动量空间的展宽的乘积必须要大于一个值。其实这并不是量子力学所特有的，在工程里，时域信号的展宽和频率信号的展宽之积一样要大于一个值，这就是推广版本的不确定性原理。

当时，海森堡认为这个原理本质上是关于测量的，所以之前被翻译为“测不准原理”。但是现在，我们认识到这个原理具有波函数的性质，跟测量相关，但本质并不是测量，所以现在统一把它翻译为“不确定性原理”。不确定性原理有助于我们更深入地理解这个世界。

有一个成语叫坐井观天，现在假设有一个量子的井，然后量子的我坐在量子的井底下。这种情况下我有可能做到坐井观天吗，我还能坐得住吗？其实我坐不住，因为有不确定性原理。不确定性原理告诉我们，位置的不确定度和动量的不确定度乘到一起是大于等于 $h/4\pi$ 的。坐到井里的时候，位置的不确定度是被限制起来的，最多就是井的宽度，因此动量的不确定度至少是 $h/4\pi$ 乘以井的宽度分之一，也就是说，我没办法在井里稳稳当当地坐着观天。

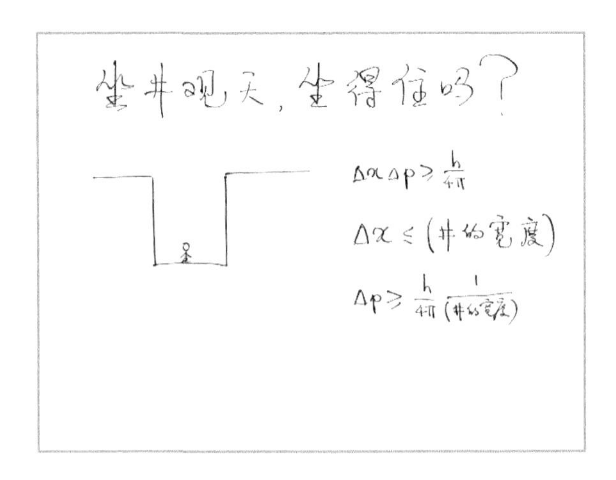

当我在一个井里的时候——专业术语叫“势阱”，我有一个最小的动能，最小的动量对应一个最小的动能，这个最小的动能叫作零点能。就是说，我坐在势阱底部的时候，我有一个比这个势阱底部稍稍高一点的能量，这个能量叫零点能。你晚上吃完饭后开始学习，一直学到半夜零点，感觉还是能量充沛，零点能可不是这个意思。

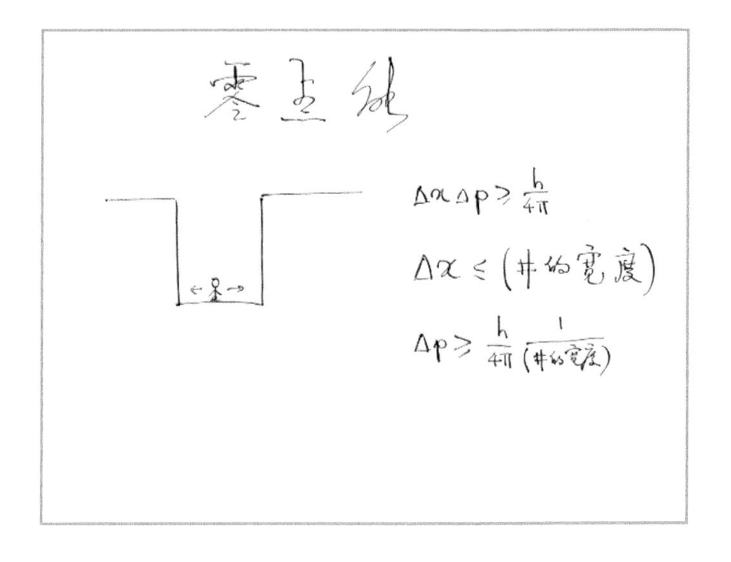

零点能跟我们有什么关系呢？我先问一个问题：这个世界中的实体是什么呢？都是实实在在存在的事物，比如一块板砖，它多么实在。那这个“实在”到底有多“实”呢？如果把这个板砖放大、放大、放大，再放大，最后你看到了原子。原子和原子之间看起来确实是挺实在的，它们比较紧密地堆到一起，如果你再放大，放大到看见了原子里边的结构，这个世界还是不是我们语义上说的“实在”的了呢？

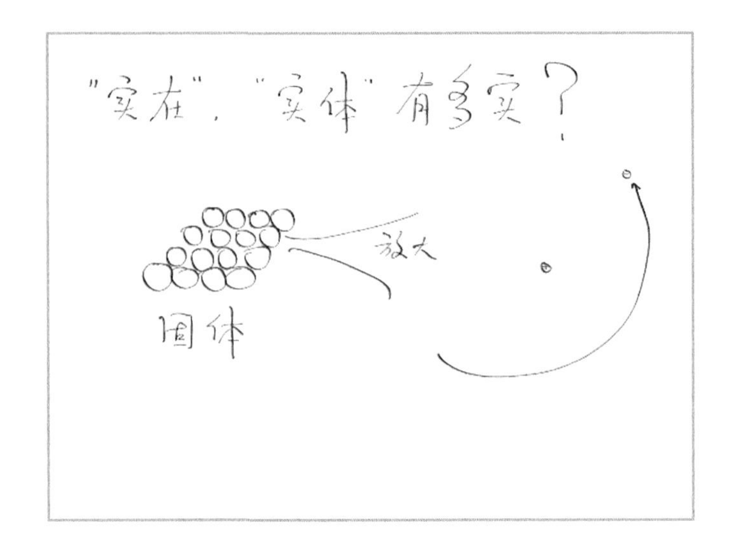

在原子里边，你能看到什么？原子核和核外的电子。原子核和电子有多大？到现在为止，我们看到的电子只是点粒子，我们没有看到电子的任何大小，它的体积忽略不计。原子核有多大？原子核不完全是一个点粒子，但它是非常非常小的。如果我们把整个原子想象成一幢大楼，那么原子核就相当于在大楼中间某一个地方摆放的小玻璃球，原子核就是这么小。这么小的原子核和体积可以忽略不计的电子是怎么把原子给撑起来的呢，是怎么让原子看起来很“实在”呢？

100 多年以前，卢瑟福提出了一种原子模型，他认为电子绕着原子核在转动，这样是不是就把原子给撑起来了？如果是这样，你会发现一个很大的问题。电子做匀速圆周运动的时候，是会向外辐射的。电动生磁、磁动生电，匀速圆周运动的电子会向外发射电磁波。按照卢瑟福的说法，在不到 10^{-10} 秒的时间内，电子就会掉到原子核里边，所以我们的“实在”又没有了，我们的实体又要坍缩了。

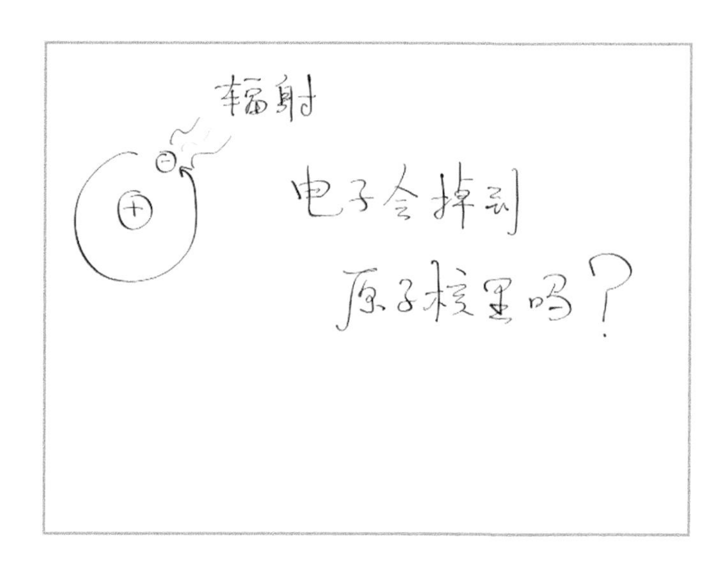

怎么办呢？这时，一位大英雄踏着七彩祥云来拯救世界了。这个大英雄就是量子力学，小而言之，这个英雄就是不确定性原理。

为什么说不确定性原理能拯救这个世界呢？想象一下，如果电子已经跑到了离原子核非常非常近的地方，这个电子相当于被束缚住了。这就好似我坐在井里看天的时候，我能不能坐得住？坐不住。当电子的位置被束缚到原子核的周围时，它的动量的不确定度就非常大，它就会跑出来。当电子跑出来的时候，电子就可以再运动，最后运动到离原子核近一点的地方，然后再跑出来，如此周而复始。这样一来，这个电子就形成了一个电子云，这个电子云是不确定性原理的结果。也就是说，我们实在的世界其实没有那么实在，到了原子里，它挺空虚的，但是电子云通过不确定性原理把原子撑了起来，挽救了我们实在的世界，使得电子不会往原子里边坍缩。

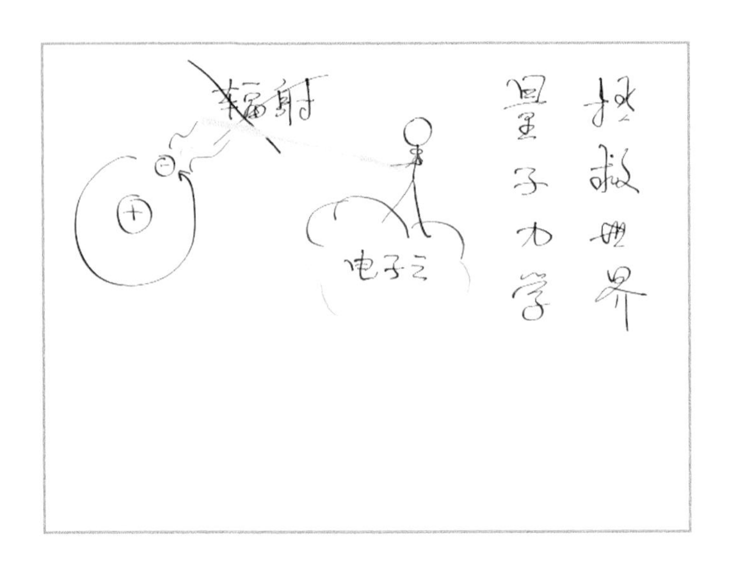

本节我们先讲了不确定性原理，不确定性原理告诉我们坐井观天坐不住，至少要有一个零点能。坐井观天坐不住的现象告诉我们，电子也不可能在离原子核太近的地方坐得住，所以电子就要到处跑，在原子核周围形成电子云，把原子撑起来。

不确定性原理，拯救了我们的世界。

3.3 非同寻常的测量

量子力学里最神秘莫测的事情要数测量问题。

量子力学告诉我们，这个世界是线性的。我们已经知道量子世界具有波动性，两列波可以叠加到一起，这就是“线性”性质。反过来想，我们可以说一个叠加的结果可以分解，比如，一个斜着振动的波，可以分解成上下方向振动的分量和左右方向振动的分量。这就是波的分解。

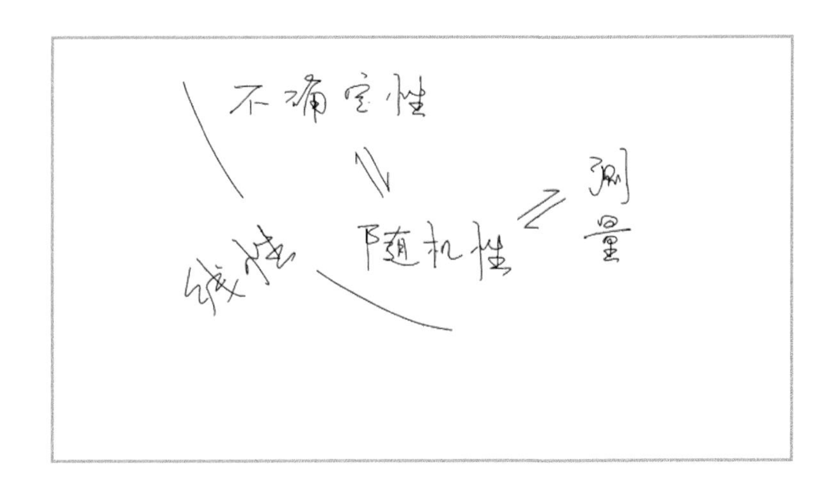

波的分解有什么用呢？对于一个斜着振动的波，我们能否进行测量，来看它到底是竖直方向振动还是水平方向振动。听到这个问题，你可能会认为很荒谬：明明这个振动是斜向的，为什么要去测它是竖直还是水平振动的呢？如果你做了这样的测量，结果会告诉你：50% 的概率得到的是竖直方向的振动，50% 的概率得到的是水平方向的振动。这和经典的实验非常不一样。在经典实验中，对于斜着的振动，测出来就是斜着的。比如，经典电磁波的偏振，我们拿一个偏振片去测在什么时候光可以消掉，在什么时候通过偏振片的光最强，测得的结果最强时偏振片的方向就是光振动的方向。但是在量子力学里，你做不到这一点。在量子力学里，如果光弱到只有一个光子，那么初始时你把偏振片水平或者竖直放置，当光子“啪”到达偏振片上，它要么通过偏振片，要么不通过，你没有办法去缓慢地调节，看通过的光什么时候最强，因为“过了这个村没这个店”，光子已经打到你的偏振片上了，等你再去调节时，这个光子已经没了。

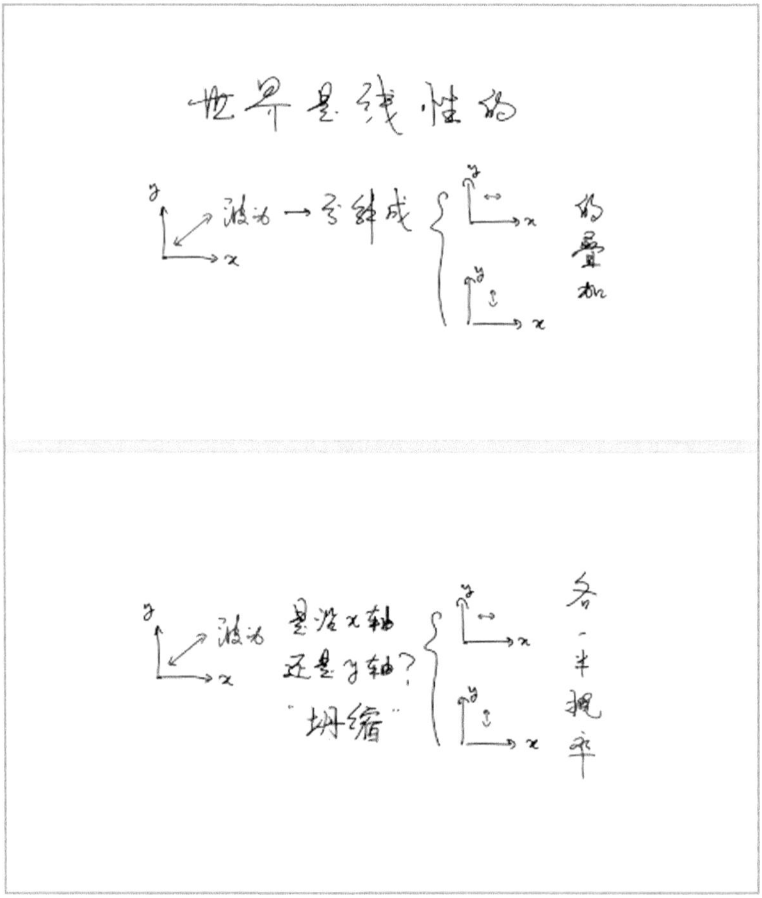

由此带来了好多问题，其中一个问题是，在测量里，我们首次在本质的层次上引入了概率的概念。当然了，测量自古以来就和概率相关，因为有误差，但是现在有了根本的不同——原则上，假设你能测得无穷好，仍然会有概率出现。为什么？爱因斯坦曾经问过这样的问题，这个问题被后人归纳成一句话：“上帝掷骰子吗？”也就是说，描述这个世界的基本规律是随机性的吗？然后，后人又编排出一个波尔的回答，波尔说：“不要告诉上帝怎么做。”也就是说，不管你喜欢不喜欢这个内在随机性的世界，至少以我们现在对科学的理解而言，量子力学的内在看起来真的是随机性的。

还有一个问题。刚才我们把一个斜着的波动，比如在 45° 方向的振动，分成一半的概率是竖直振动的，一半的概率是水平振动的。而其他斜率的波可分解成不同概率的竖直振动和水平振动。那你就会问了，谁要求一定要分成竖直振动和水平振动，能不能在其他方向上分解？

确实，可以的。那这样的分解代表什么呢？如果分解成竖直振动和水平振动，这代表你去测量这个光子到底是竖直振动还是水平振动，而如果你分解成其他方向的振动，这意味着你去测量光子是在此方向振动，还是垂直此方向振动。也就是说，其实如何分解和你提什么问题有关。在量子力学里，我们实验得到概率性的结果，而且得到什么样的概率性结果也和你提的问题有关。比如刚才斜着的振动，如果我问是竖直还是水平振动，那么我得到的就是各 50% 概率的答案。但是如果我问是 45° 还是 135° 振动，那么我得到的是 100% 的概率都是 45° ，零概率是 135° 。得到的概率性结果和我们提的什么问题有关，这让人感觉非常不舒服。

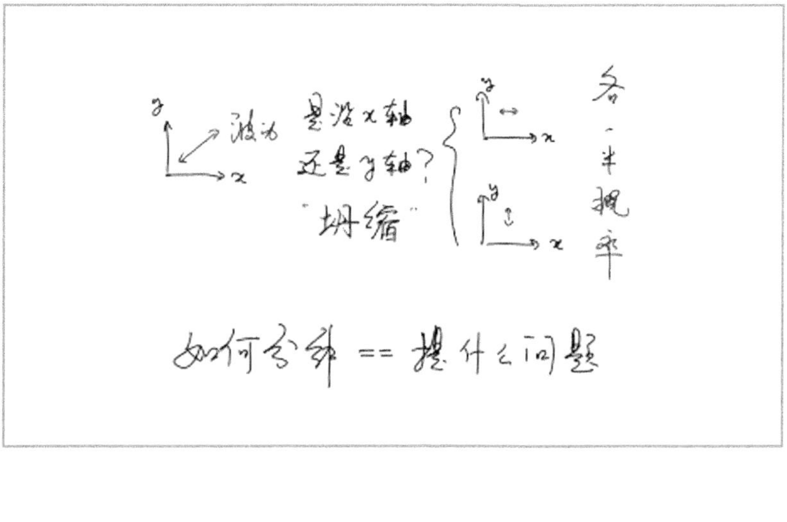

打个比方，古代有一个地主，他的田地被一匹马和一头驴踩坏了。地主跑到县官那儿告状，让县官为他主持公道。县官找寻了半天，既没有抓到马，也没有抓到驴，怎么办呢？县官抓了一头骡子。这时，地主就很不高兴，说：“明明不是骡子踩的，干嘛抓一头骡子啊？”县官说：“我打！我把这个骡子打到，要么它承认它是马，要么它承认它是驴，问题就解决了。”当然了，屈打成招是一种非常野蛮的行为。但是在量子力学里，这种“野蛮”的测量是随时存在的，因为在量子力学里，一个光子、一个电子的状态脆弱到你的测量真的可以把这个状态“屈打成招”。

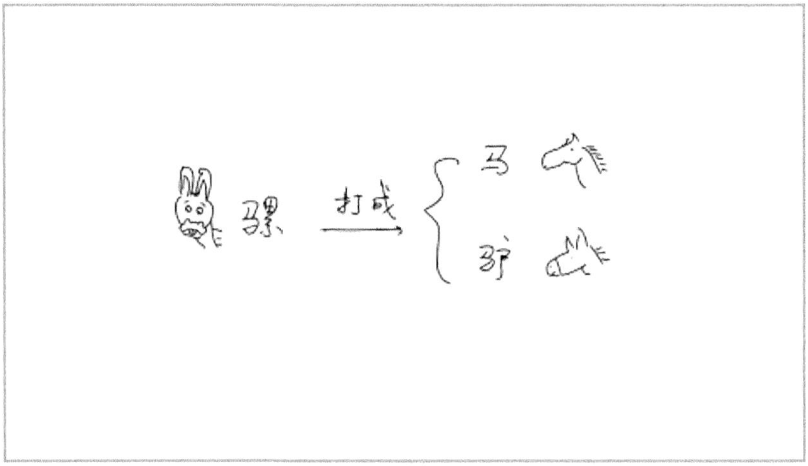

关于状态的叠加，前面我们讲了光的振动中存在状态的叠加，而电子也有一个类似的存在状态叠加的性质，叫作电子的自旋。

自旋就是电子自己带的那部分角动量。电子即使没有绕着任何东西转，它也会有一个内在的角动量，这个内在的角动量就叫电子的自旋。角动量是有方向的，电子的角动量可以自旋向上，也可以自旋向下。那你肯定会想，电子角动量是不是也可以自旋向左、向右、向里、向外？答案是：都可以。

电子自旋的基本状态 $\textcircled{\uparrow}$，$\textcircled{\downarrow}$

$$\textcircled{\rightarrow} = \frac{1}{\sqrt{2}}\left(\textcircled{\uparrow} + \textcircled{\downarrow}\right),\quad \textcircled{\leftarrow} = \frac{1}{\sqrt{2}}\left(\textcircled{\uparrow} - \textcircled{\downarrow}\right)$$

$$\otimes = \frac{1}{\sqrt{2}}\left(\textcircled{\uparrow} + i\textcircled{\downarrow}\right),\quad \odot = \frac{1}{\sqrt{2}}\left(\textcircled{\uparrow} - i\textcircled{\downarrow}\right)$$

但是，自旋向上和向下可以看成是基本的状态，也就是说，如果考虑一个自旋向里的电子，那它可以写成一个自旋向上的电子和一个自旋向下的电子的叠加状态——具体说，是一个自旋向上的状态加上 i（imaginary，虚数的单位）乘以一个自旋向下的状态。这就有点像班级里经常会有的一种人。他们学习非常好，每次考试都考第一名，但在考试成绩出来之前，他们总说："哎呦，这次我又考砸了！哎呦，这次我考得可差了，我估计要不及格了。"成绩出来以后，还是第一名。

这样的人我们可以用一个什么样的量子状态来描述呢？他是个学霸，但是他又不断地把自己想象成一个学渣，因此，可以用一个状态"学霸"，再加上一个虚数"i"乘以状态"学渣"。为什么有个 i？因为学渣的状态是虚构出来的。如果真的存在这样一种状态，那么当你去测量这个状态到底是学霸还是学渣的时候，你测量的结果是：50%的概率是学霸，50%的概率是学渣。这就是量子测量的神奇属性。

$$\frac{1}{\sqrt{2}}\left(\text{学霸} + i\,\text{学渣}\right)$$

imaginary

$$\otimes = \frac{1}{\sqrt{2}}\left(\uparrow + i\downarrow\right), \quad \odot = \frac{1}{\sqrt{2}}\left(\uparrow - i\downarrow\right)$$

讲到量子测量，免不了提一提 EPR 佯谬，也就是爱因斯坦 - 波多尔斯基 - 罗森（Einstein-Podolsky-Rosen）佯谬。如果把一个测量分开到非常远的两个地方去进行，我们会发现这个测量是非局域的，不局限于时空的间隔。什么意思呢？比如说，我们考虑一个学霸和学渣的叠加态：有一个状态是“一个学渣向右跑，一个学霸向左跑”，另一个状态是“一个学渣向左跑，一个学霸向右跑”，现在我们把这两个状态叠加到一起，会得到一个什么状态呢？得到的状态是：其中有一人向左跑，有一人向右跑，但是向左和向右的，从量子的意义上来讲都是学霸和学渣的叠加态。比如说向左的是“学霸加 i 乘以学渣”，向右的是“学霸减 i 乘以学渣”。双兔傍地走，安能辨我是学霸还是学渣呢？

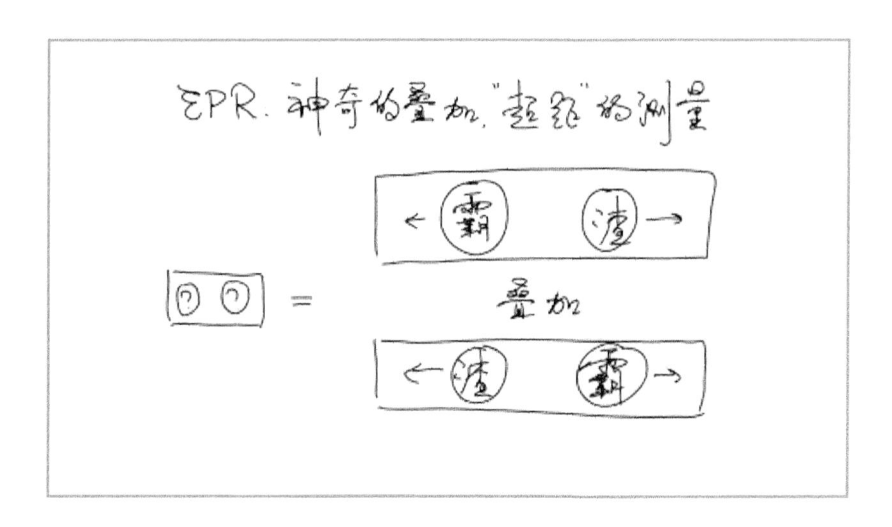

怎么办？我们可以去测量。爱因斯坦提出了一个假想实验：假如这两个学霸和学渣的叠加态已经跑到了相隔非常远的地方，已经相距一光年那么远，这个时候你去测其中的一个状态，看看到底是学霸还是学渣。比如，你测到了这个状态是学霸，那么另外一个状态会“秒变”学渣。本来秒变就是形容变得非常快，但也还形容不了现在的状况——瞬间，根本用不了一秒，根本用不了任何时间，一光年之外的状态就变成了学渣。

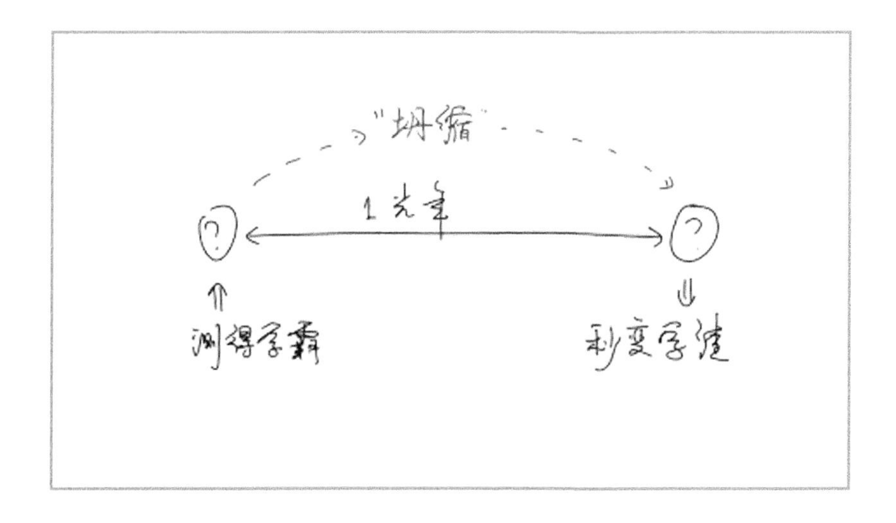

这其实并不违背相对论。因为两边测量的时候，都是 50% 的概率为学霸状态，50% 的概率为学渣状态，只不过你测量的两边结果是相关的，一边是学霸，另一边必然是学渣，这还是按牌理出牌的。去测量是学霸还是学渣，你还可以不按牌理出牌。怎么测？你测一边是不是“学霸加 i 乘以学渣”，如果你测到一边是“学霸加 i 乘以学渣”，那么另一边就秒变“学霸减 i 乘以学渣”。这就是量子力学中的测量和 EPR 佯谬。

总结一下本节内容：在我们进行量子测量的时候，首先必须要考虑测量仪器对系统的影响，测量得到的结果和你想测什么量有关。这引起了一个世纪之争，一个可以看成是物理也可以看成是哲学的争辩——“上帝掷骰子吗？”现在看来，这个世界貌似确实是充满了内在的随机性，也就是上帝看起来确实是掷骰子的。本节我们还讲了 EPR 佯谬，测量时所在的地点虽然可以隔着很远，但系统测量之后变成什么样的状态，是一个非局域的、不受时空限制的过程。但是，你仔细想来，这一现象并不传递超光速的经典信息，因此并不违反相对论。

3.4 薛定谔的猫死了吗

在第三章的最后，我们来讲一点轻松而残酷的内容。相信大家都知道哈姆雷特的内心独白：生存还是毁灭，这是一个问题。量子的状态是可以叠加的，那么，除了生存和毁灭之外，哈姆雷特是否还可以有一个状态是“生存并且毁灭”呢？要回答这个问题，下面请出物理学四大神兽之一的薛定谔的猫。

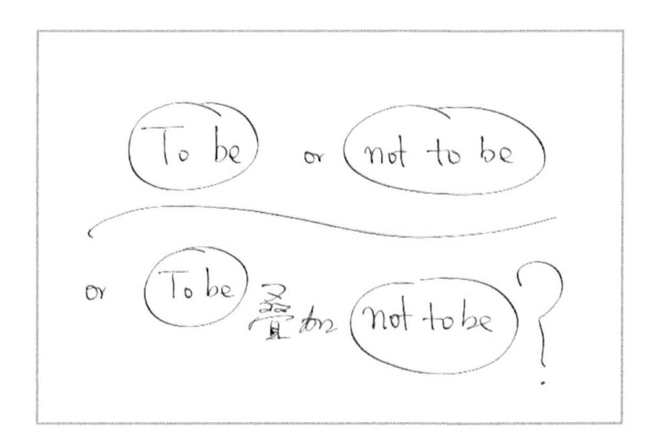

在一个封闭的盒子里装有一个量子仪器和一只猫，这个量子仪器中有一个具有量子特性的东西，比如说是一个量子的粒子，它有 50% 的概率会衰变，50% 的概率不发生衰变。如果这个粒子衰变了，就会引发后续反应，使一个毒药瓶被打破。毒药瓶被打破之后，猫就会被毒死。而另 50% 的概率，量子衰变并没有发生，那么毒药瓶没有被打破，猫也没有被毒死。根据量子力学，在测量之前，量子衰变有没有发生这件事情是处于一个叠加状态的，也就是说，在测量之前，该粒子处于衰变了和没有衰变的叠加状态。那是不是意味着，毒药瓶被打破、没被打破也处于叠加状态呢？是不是猫的死或生也处于一个叠加状态呢？

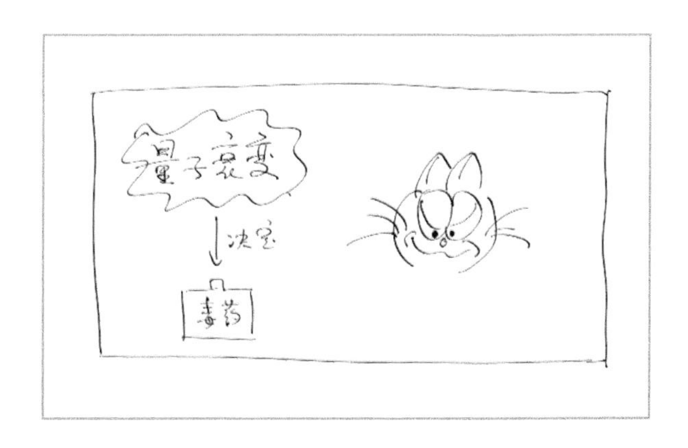

在问问题之前，我们先来听一听猫的观点。这只猫有意见了，说：“为什么受伤的总是我呀？你能不能找一些别的动物来做这个实验？你不要找我来做这个实验，好不好？”其实，用猫来做这个实验有一定的必然性，有内因也有外因。内因是盒子对猫有致命的诱惑力，就算你不让猫进来，它也非得要钻进盒子里来帮你做这个实验。外因是猫的性情恰到好处，如果不用猫，而找一条狗来做这个实验，会有什么样的结果呢？把狗关在盒子里，狗“汪汪……”叫了半天忽然不叫了。完了，我们知道这条狗死了，你根本没有打开盒子判断的必要了。狗实在太吵了，那找一个更安静的呢，比如找一只乌龟？

乌龟进到盒子里以后，小脖一缩，缩到壳里了。我们做完实验，打开盒子，看见这只乌龟缩在壳里，我们怎么知道它是一只死乌龟，还是一只活乌龟呢？所以乌龟也不合适。

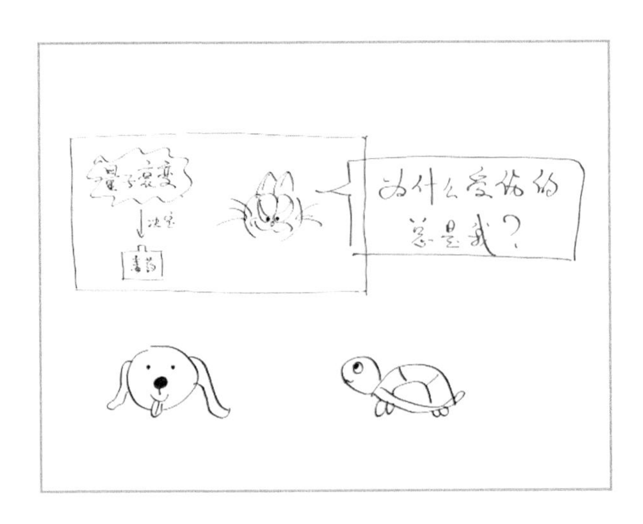

没办法，只能委屈猫来做这个实验。当然了，上面说的这个选择猫的理由只是开个玩笑。那么现在的问题是：这只猫到底是死猫？还是活猫？还是死猫和活猫的叠加态呢？在薛定谔的时代，薛定谔不知道这个问题的答案。现在，其实我们已经可以知道这个问题的答案了。答案就是：死猫。因为这只猫就算没被毒药毒死，这么多年过去，肯定也老死了。

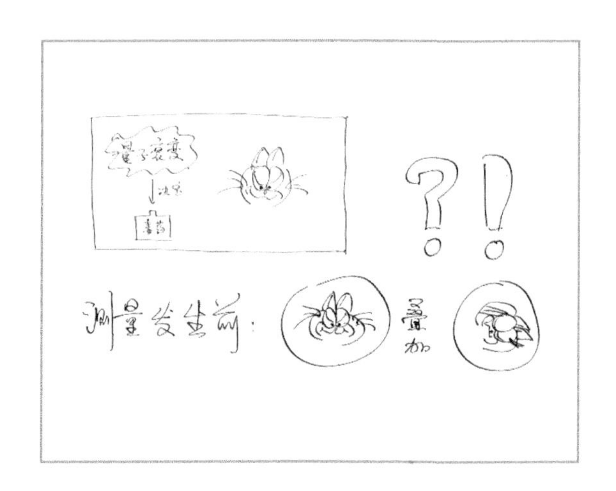

当然了，作为物理学工作者，我们想知道的不仅是这个答案，我们还想知道，在薛定谔的那个时候，在做实验的那个时候，这只猫到底是什么时候会处于死猫和活猫的叠加态，甚至说，有没有曾经处于过这样的状态？然后，又是什么时候变成了真正的死猫或活猫呢？

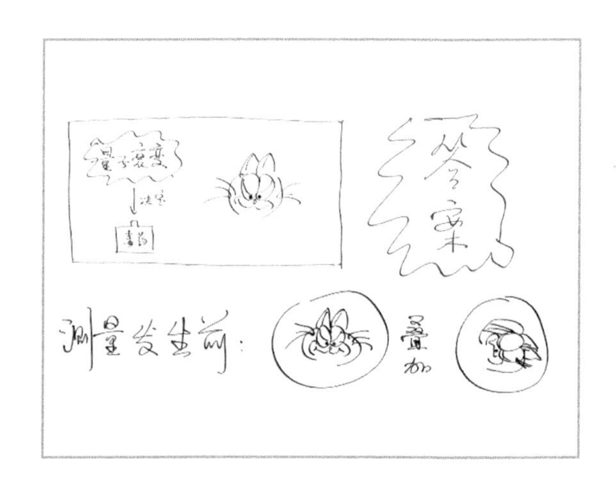

回答这个问题就非常困难了。虽然关于量子力学的测量过程，我们有一套计算的程序，但是怎么理解量子力学的这套计算程序，不同的学派有不同的解释。在不同的解释里，对于这只猫什么时候从死猫和活猫的叠加态变成死猫或活猫，有不同的说法。

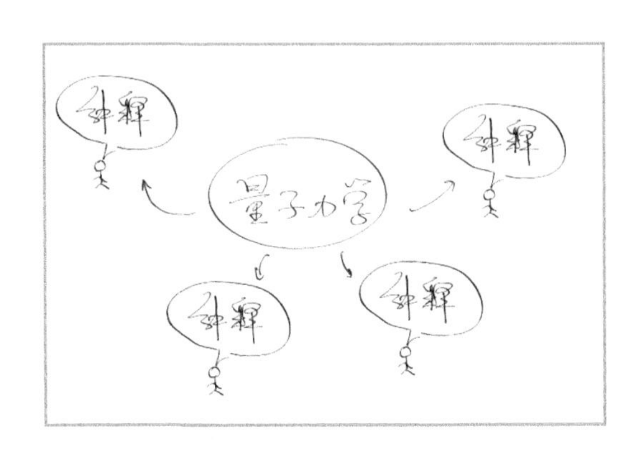

在本书中，我就两种解释与大家讨论一下。

第一种解释就是量子力学所谓的正统——哥本哈根解释。哥本哈根对量子力学是这样解释的：Shut up and Calculate，翻译成中文就是“别问，问就是算”。就是说，一些我们可以计算的问题，我们就去计算，看结果是什么；一些我们没有办法计算的问题，可能根本就不存在一个物理实在，这种问题并没有意义。

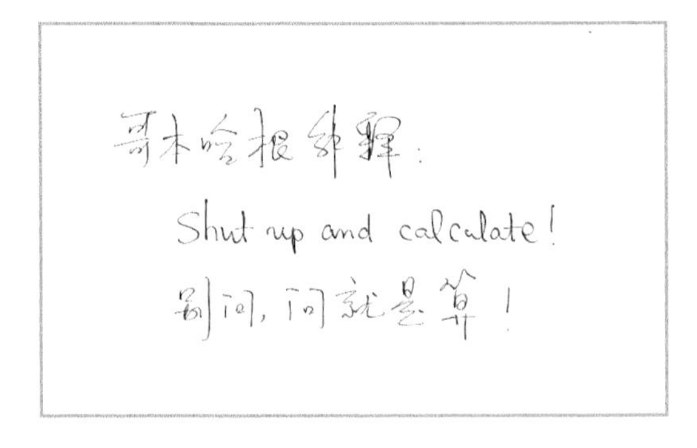

当然了，我们总是好奇的。我们在不知道有没有这样一个物理存在的时候，便希望脑补一个物理存在。哥本哈根解释并没有满足我们的好奇心，还有很多其他的学派提出了其他的解释，比如著名的多世界解释。多世界解释认为，当进行了一个测量的时候，这个世界就分岔了，变成了一个活猫的宇宙和一个死猫的宇宙所组成的平行宇宙。不仅如此，每一次有效的测量，这个世界都在分岔，最后分成了近乎无穷多个平行宇宙。当然了，这只是量子力学的一种解释而已，至于平行宇宙到底是不是真的存在，现在我们还不知道。

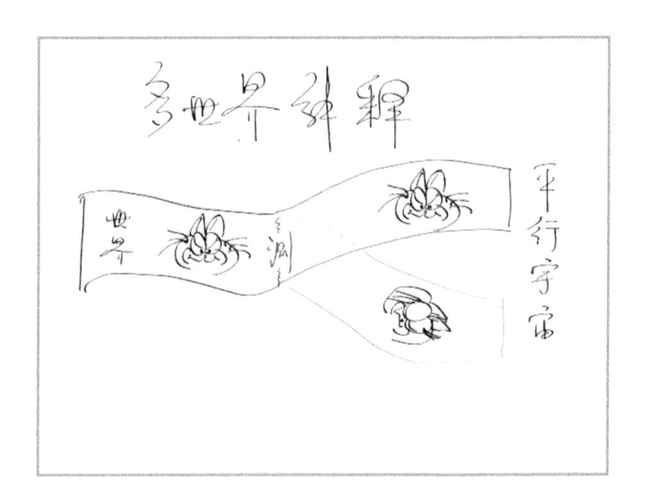

薛定谔的猫的实验演绎到今天，已经有了非常多个版本，甚至还有一些经典的版本，跟量子力学无关的版本，比如，网上有一个版本叫薛定谔的“滚”——有一天，你终于鼓足了勇气去向你的女神表白，女神只说了一个字：滚！这个时候你应该怎么办？

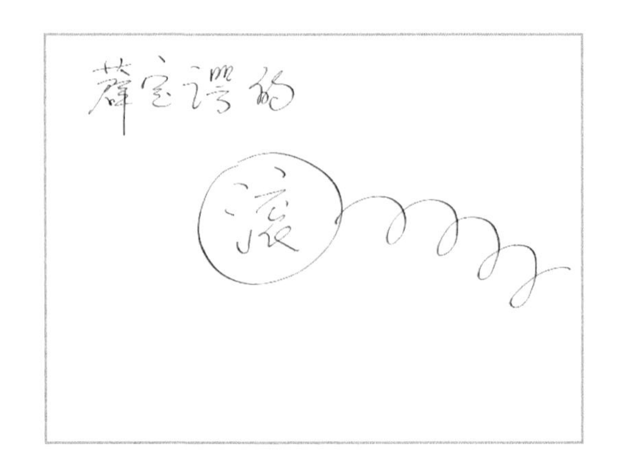

总结一下：薛定谔的猫告诉我们什么呢？首先，在量子力学里，一切都可以叠加，所以原则上讲，有可能存在这种死猫和活猫的叠加态。但是，在我们真正做一个实验，用一个毒药盒子去毒死这只猫的时候，猫会不会处于死猫和活猫的叠加态呢？如果会处于这样一个状态，那么什么时候处于这样的状态，什么时候从这个状态真正地变成死猫还是活猫呢？虽然量子力学有一个统一的计算规则，但是，这涉及了量子力学的解释问题。不同的学派有不同的解释，比如，有哥本哈根、多世界，甚至有精神和物质相互作用、多历史、自洽历史等各种不同的解释。

第四章
原子

4.1 世界为什么是由原子组成的

美国物理学家费曼曾经问过这样一个问题：假如由于某种大灾难，所有的科学知识都将丢失，只有一句话可以传给下一代，那么怎样才能用最少的词汇来传达最多的信息呢？

费曼认为这句话是：所有的物体都是由原子构成的。这句话重要到值得刻在石头上永远流传下去——如果刻在地球的石头上还不够，值得刻在冥王星的石头上，永远流传下去。

大家可能会疑惑，我们都知道世界是由原子组成的，这个观点看起来也没有那么难以理解，为什么是把这句话流传下去呢？大家想过吗，这个世界到底为什么是由原子组成的，我们又是怎样知道这一点的呢？

我曾向来我所就职的香港科技大学面试的一些高中学生问过这个问题，一些考试成绩非常好的学生都未必能回答得出来。下面我们就来看一看：世界为什么是由原子组成的呢？

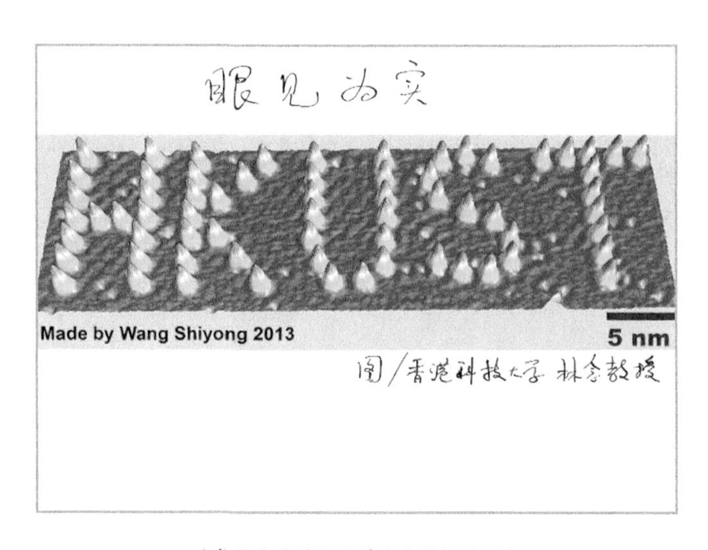

（感谢香港科技大学林念教授供图）

眼见为实，电子隧道显微镜等现代科技设备已经使我们可以直接看到世界的原子层面。我们看到世界的确是由原子组成的，我们甚至可以操纵这些原子，摆成一些我们需要的图案。（注解1：我们说世界是由原子组成的，这里的原子是一个泛指，既包括通常意义上的原子，也包括通常意义上的分子，也就是说，看起来连续的物质是由一小块一小块分立的基本单元组成的。注解 2：世界是由原子组成的，这里我们只针对通常的物质，其实这个世界上还有暗物质，还有暗能量，这些东西我们不知道是不是由原子组成的，甚至它们在很大概率上不是由原子组成的。）

在什么时候我们知道了世界是由原子组成的？并不是现在，二百多年前，我们就已经知道了世界是由原子组成的。那时的我们是怎么知道的呢？

你可能想到了德谟克利特，2000 多年前他就已经知道世界是由原子组成的了，不是吗？不完全是，德谟克利特提出的原子概念是一种思考性的、基于哲学思想的猜测。当然，猜测很重要，这体现了他非凡的想象力，但是他并没有物理的依据来证明为什么这个世界是由原子组成的。那么，什么时候我们开始有了相关的观察和实验依据呢？在富兰克林的时代。

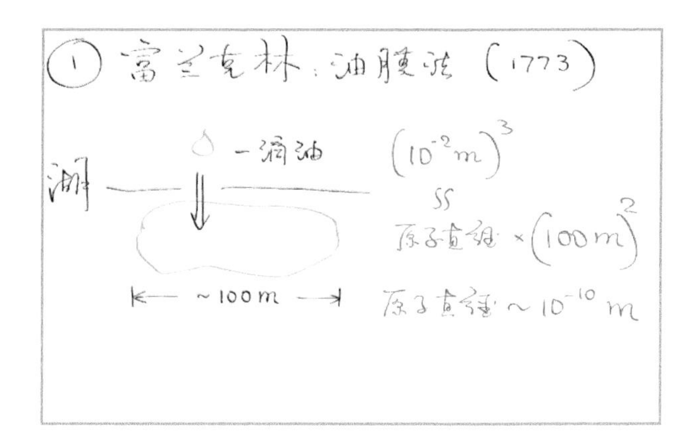

1773 年，富兰克林注意到这样一件事情：如果往水上滴一滴油，这滴油会扩展成一个油膜。油膜会扩展得非常大，能扩展到方圆百米的范围。这句话里的信息是非常丰富的。一立方厘米的一滴油扩展到了方圆百米的范围，假如油膜的厚度就是原子的直径，那么由于油的体积不变，我们就可以把原子直径算出来。富兰克林算出的原子直径是大约 10^{-10} 米，非常小，并且这个数值和我们现代测得的原子直径数值非常接近。

那么，怎么去测湖面上分布很广的一个油膜的面积呢？如果坐船从一边移动到另一边，油膜的形状会不会已经发生改变了？风可能会把油膜吹跑了，各种其他因素也会影响油膜的形状。在自然条件下去测一个方圆百米量级的油膜的面积是非常困难的事情。如果我们能让油膜小一点（比如一分米见方大小），把实验搬到实验室里，测量就方便多了。如果把 10^{-6} 滴油滴到水里，就应该会产生一分米见方的油膜。那么问题来了，我们去哪里找这 10^{-6} 滴油呢?

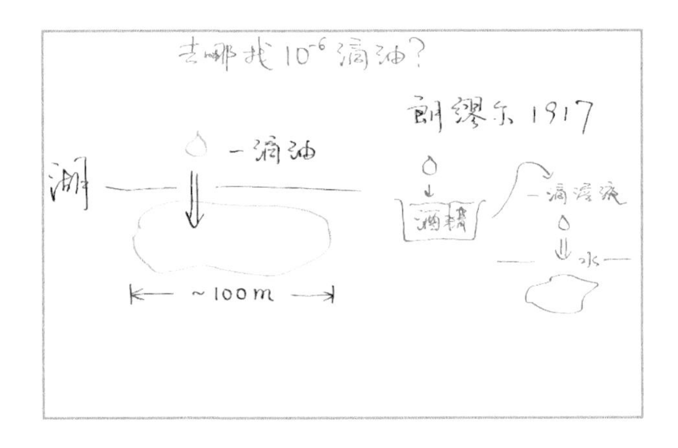

1917 年，朗缪尔想出一个主意，他注意到，有一些油是溶于酒精的。我们把一小滴油，不是 10^{-6} 滴而是一整滴油，溶到一大罐酒精里，待溶解均匀之后，取出一小滴溶液滴到水里。通过这种方法，他可以实现水中只有“10^{-6} 滴”油。酒精在水里溶解不见了，不溶于水的油剩下来，在水面上形成了一片油膜。这个油膜的面积我们在实验室里是可以测的。这样就更精确地测量了原子的直径，这种方法叫“油膜法”。

另一种证明世界是由原子组成的方法叫“等比定律”，是道尔顿发现的。简单地说，如果我们有碳和氧气，在不同的情况下发生反应可能产生一氧化碳，也可能产生二氧化碳。道尔顿发现了一个特别激动人心的现象：如果我们要产生相同体积的一氧化碳和二氧化碳，所消耗氧气的比例是 1 : 2。如果这个实验可以做得非常精确，那么消耗氧气的比例是精确的 1 : 2。

② 道尔顿：等比定律（1808）
碳 + 氧 → 一氧化碳
碳 + 氧 → 二氧化碳

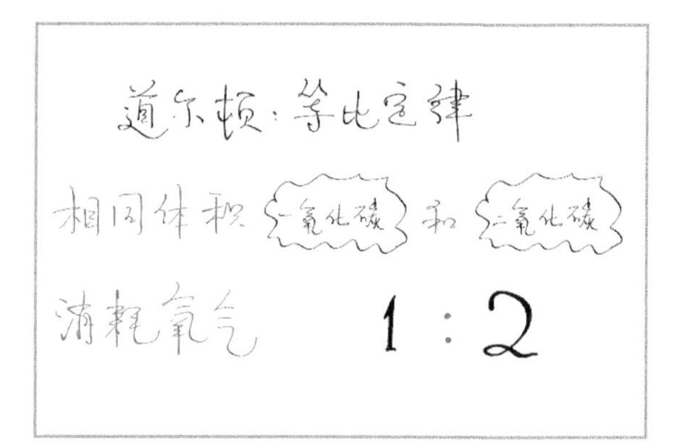

为什么比例会是精确的 1 : 2 呢？大家可能会说，这个题不是物理题，也不是化学题，而是语文题。你都说是一氧化碳、二氧化碳了，那当然比例是 1 : 2 了。大家别忘了，一氧化碳、二氧化碳是我们后来命名的，道尔顿那时只知道碳和氧气发生反应产生了两种不同的气体。他那时连原子论的概念都没有，怎么可能知道它叫“一氧化碳”和“二氧化碳”？他只知道产生了两种不同的气体，而如果要产生相同体积的这两种气体，所消耗氧气的量是 1∶2。非常神奇！

如果你还没有觉得它背后蕴含了重要的内容，我们举一个例子，我去吃火锅，火锅店的服务员问：“你是要微辣的，还是要特辣的？”什么叫微辣，什么叫特辣？微辣就是加一勺辣椒，特辣就是放两勺辣椒。我有的时候要微辣，有的时候要特辣。如果你能非常准确地测量出火锅里辣椒的量，微辣对应的辣椒的量和特辣对应的辣椒的量这二者的比值，它会不会是精确的 1∶2 啊？不会！虽然服务员告诉你，微辣的是一勺辣椒，特辣的是两勺辣椒，但厨师在做火锅时，随便舀一勺或两勺，这个比值有可能是 1∶1.8，也有可能是 1∶1.9、1∶2.2。但是，道尔顿发现一氧化碳和二氧化碳所消耗氧气的量是精确的 1∶2，跟我们举的火锅这个例子中的情况不一样，为什么？

再回到火锅的例子，假如这个火锅店比较特殊，食客发现微辣的和特辣的火锅中辣椒量的比值还真都是精确的 1∶2。你是不是会感觉有一点奇怪了？想跑到后厨去看看为什么这么精确？结果你发现，厨师原来用的不是一勺一勺的辣椒，而是调料块。微辣的火锅就往锅里扔一个调料块，特辣的火锅就往锅里扔两个调料块。这样一来，你每次吃到的微辣火锅和特辣火锅中的辣椒量就是精确的 1∶2。道尔顿实验中的情况也是一样的，氧气相当于火锅里的辣椒。精确的 1∶2 意味着氧气不是连续的，而是像调料块一样，它是有基本单位的，是一块一块的。这个不连续的基本单位就是原子、分子。这个 1∶2 的实验数据之中蕴含着一个值得刻在石头上、放在冥王星的道理：世界是由原子组成的。

本节讲了朗缪尔的油膜法和道尔顿的等比定律。现象很简单，但是背后的本质是很深刻的，它告诉我们：世界是由原子组成的。

4.2　花粉颗粒为什么会跳舞

世界是由原子组成的，空气中的原子、分子撞击到物体上，就形成了大气压强。大气压强十分巨大，每平方米达 10^5 牛顿之多！1654 年，马德堡市市长做了一个著名的“半球实验”。他拿出一个金属球——由两个半球合并而成，中间夹有橡胶垫圈以防止漏气，对大家说：“你们看，这个金属球没有通过任何胶来粘住，把金属球合上后，只是抽干了金属球里的空气。”然后，他让人去拉开两个半球，没有人能做到！他又找来 16 匹马，分成两队，每边 8 匹。这 16 匹马使了吃奶的力气，最后终于在“Bang”的一声巨响下，把球拉开了。16 匹马、一声巨响，“半球实验”告诉了我们大气压强是多么的巨大！

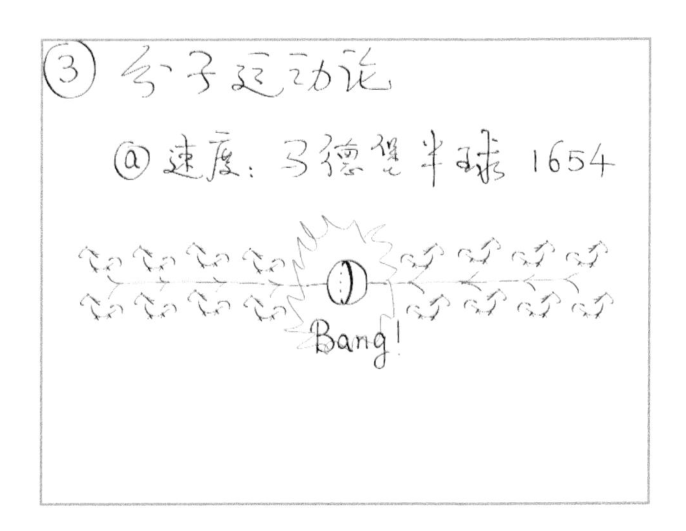

这一声巨响还告诉我们什么呢？分子的运动速度。我们知道了大气压强的大小，还知道空气的密度，两者相比，就知道了分子的运动速度。分子的运动速度也是巨大的，大约每秒 1000 米。那我们怎么没有看到空气“嗖”地往一个方向跑呢？因为分子是向各个不同方向作随机运动的。每秒随机运动 1000 米的分子打到我们身上，或者其他任何物体上，就产生了大气压强。

1859 年，物理学家麦克斯韦从大气压强推导出了另外一个重要的量——分子的平均自由程。分子之间是会发生碰撞的，平均自由程即分子发生一次碰撞和发生下一次碰撞中间，分子所走过的路程。

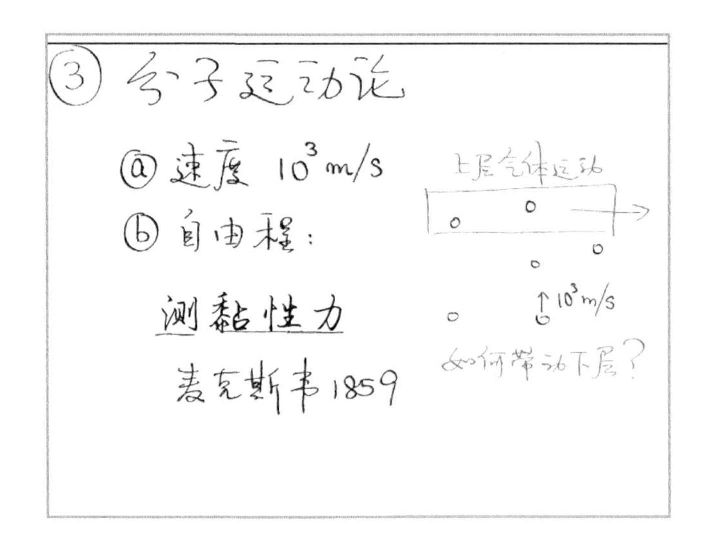

怎么计算平均自由程呢？麦克斯韦想到了一个非常巧妙的办法。他考虑了两层气体之间的相对运动，如果上层气体运动，下层气体静止，那么时间长了，上层气体会带动下层气体运动，这是气体的一种黏性现象。麦克斯韦具有一种洞察力，他注意到：我们有两种速度，上层气体运动的速度和气体的随机运动速度。气体的随机运动速度产生了大气压强，那上层气体运动的速度带给了我们什么呢？单位面积上上层气体施加给下层气体的黏性力。计算两种速度之比，就能给出气体分层所能达到的最小程度。这里的分层，其实不是真的分层，由于气体分子随机运动，这里说的“一层”实际上就是指气体分子从一次碰撞到另一次碰撞大概能跑多远，即自由程的概念。用这个办法计算出来的自由程是 10^{-7} 米。

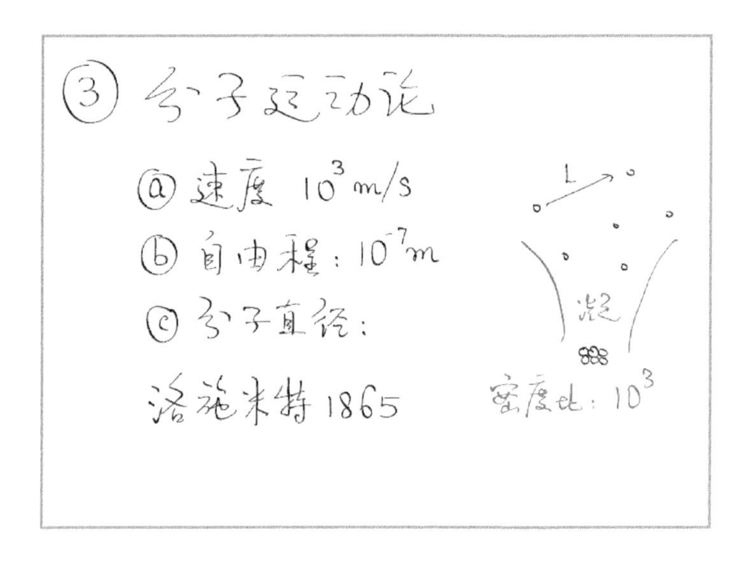

知道了自由程之后，洛施米特在 1865 年想到一个计算分子直径的办法。分子的自由程是什么时候测量的呢？是分子处于气体状态时测的。但是，气体可以液化，还可以凝华，来形成液体和固体状态。气体状态的密度和液体、固体状态的密度，密度差别大约是 1000 倍。这个 1000 倍，就是自由程和分子直径的差别。10^{-7} 米除以 1000，得 10^{-10} 米，这就是分子直径。

讲到这儿，大家可能会问：我希望证明世界是由原子、分子组成的，但一开始你就假设世界是由原子、分子组成的，最后算出一大堆的结论，这个结论的意义又是什么呢？富兰克林通过油膜实验，得到分子的直径是 10^{-10} 米，现在用完全不同的一套办法得出分子直径也是 10^{-10} 米。完全不同的方法，基于一个共同的假设，得到相同的结论——殊途同归，万法归一。这告诉我们，世界是由原子、分子组成的这个假设是合理的。

当然，这还不能说服所有人。到了 1900 年左右，很多物理学家已经相信，甚至坚信世界是由原子、分子组成的。但是，还有一些比较老派的物理学家，他们认为，原子论是一个很好的计算方法，但是在看到这些原子、分子之前，我不信。这时，爱因斯坦出现了。

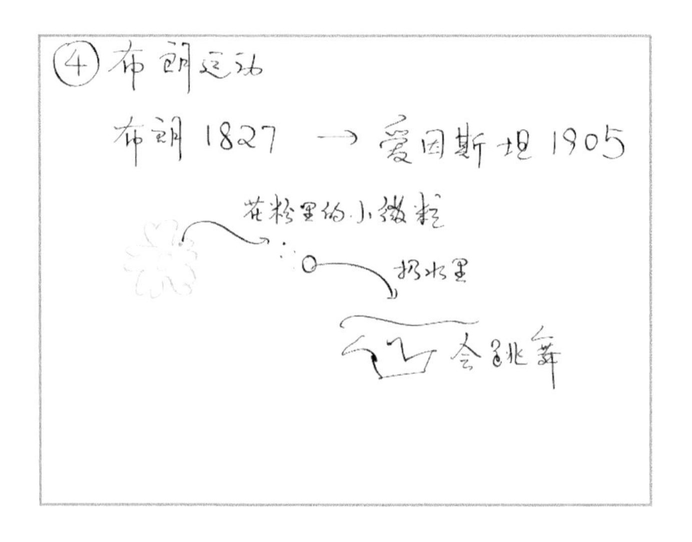

在 1905 年——物理学的第二个奇迹年时，爱因斯坦发现布朗运动可以用分子和原子来解释。布朗运动是指，我们把花粉中的微粒扔到水里，发现一个现象：花粉中的微粒在水里会“跳舞”，好像在随机运动一样。即使水看起来很平静，花粉中的微粒仍然在水里不断“跳舞”。爱因斯坦解释，这是因为水分子在不断地撞击花粉中的微粒。

如果你还感觉这很抽象，我们再以一个具体的比喻进行说明。假如有一位布朗太太，她发现放在厨房里的食物经常有被啃过的痕迹，怀疑家里有老鼠。但是，怀疑并不等于事实，因为她没有亲眼看到老鼠啃食物。其实，布朗太太的眼神不太好，她也看不清老鼠。

为了证实自己的怀疑，布朗太太决定晚上观察一下。到了晚上，她发现布朗先生在做研究，深夜，布朗先生感觉饿了——缺乏“零点能”，就跑到厨房去看有没有吃的东西。布朗先生到厨房一看，吓了一跳，厨房里有一只老鼠。布朗先生看见了老鼠，但布朗太太离得很远，眼神也不好，没看见。不过，布朗太太看见布朗先生受到惊吓的样子。老鼠跑到哪里，布朗先生就跑到老鼠的对面，吓得到处乱跑。所以这时，布朗太太就算没有直接看到老鼠，她也相信这只老鼠应该是存在的，并且从布朗先生乱跑的速度，她甚至还可以估计出这只老鼠乱跑的速度。

布朗运动也是一样，布朗运动里花粉中的小颗粒虽说不是分子、原子，但是它被分子、原子撞得乱跑，花粉中的小颗粒的动能和这些分子、原子的动能是差不多的。由此我们不仅可以非常直接地，虽然不是彻底直接，看到分子、原子存在的证据，甚至可以知道分子、原子的动能是多少。澄清一下，大家不要混淆，布朗运动中运动的是花粉中的小颗粒，不是布朗先生啊。

小结一下：我们用了 4 种方法：油膜法、等比定律、分子运动论和布朗运动，不厌其烦地去讲世界是由原子组成的这件事情。问一个问题，是谁发现了世界是由原子组成的呢？这个问题很难回答。在科学研究中，大家有时候为了简化，就指定一个人，把发现归功于他，比如富兰克林，或者道尔顿，或者麦克斯韦，或者爱因斯坦，或者布朗，或者用电子显微镜看到原子、分子的人，甚至是用电子显微镜把原子、分子摆成特定形状的人。这么归功有一定的道理，但是科学研究是一个循序渐进的过程，有的时候也不适合把一个发现单独地归到一个人身上。我前面介绍了这个发现所经历的很长的过程，从某种程度上也是希望能让大家对科学研究有一个更实际的认识。

我想讲的第二点是，这个发现里蕴含了一个非常重要的科学方法：距离阶梯方法。在前面介绍的 4 种方法当中，有 3 种方法都用到了距离阶梯。比如油膜法，我们测不精确怎么办，用酒精。这里，酒精就是一个阶梯。在分子运动方法中，有两个阶梯：大气压强本来就是非常大的，自由程相对于分子大小又非常大，然后气体和固体液体之间，密度相差很多倍，一路下来，我们才知道了分子的大小。在布朗运动中，我们也用到了阶梯，即花粉中的小颗粒。原子、分子的随机运动我们无法直接看到，便借助了花粉中的小颗粒的随机运动。

距离阶梯不仅适用于测量越来越小的物体，也适用于测量越来越大的物体，甚至整个宇宙。宇宙中离我们非常远的地方有一些超新星忽然爆发了，我们想知道这些超新星离我们有多远，这不容易测，但是我们可以先测量近一点的物体——造父变星，然后再用造父变星去校准超新星的测量。同样的思想方法不仅可以用在距离测量上，也可以用到很多其他的实验中，去完成对难以测量的物理量的精确测量。

简单强调一下知识背后的价值。我一遍又一遍地重复：物质是由原子组成的，并不是认为大家记不住这句话，而是希望大家能从不同的方向去理解这句话，这样才能真正理解这句话背后有多大的价值！

4.3 从氢原子到万物

我们已经知道，世界是由原子组成的。现在，我们进一步“抓”过来一个原子，研究它的性质。我们挑的是最简单的原子，即氢原子——其原子核结构比较简单，只有一个质子，核外只有一个电子在绕着这个质子转动。

研究氢原子的性质之前，先回顾一下光谱学的发展。光谱学是牛顿创立的。1666 年，牛顿在研究太阳光谱时发现，太阳光通过三棱镜后会被分成包含红橙黄绿青蓝紫这些颜色的光谱。1814 年，科学家发现，太阳光谱其实不仅仅是简单的、连续的红橙黄绿青蓝紫谱线，其中也会有一些暗线。1817 年，科学家又发现月亮的光谱、金星的光谱、火星的光谱中也有类似的暗线。红橙黄绿青蓝紫里边缺了一些线，当时人们不知道这背后的原因。1826 年，人们发现了一件事情，如果加热一种元素，该元素发射的光谱和太阳光谱非常不一样。太阳光谱几乎是连续的，里边只不过有几条暗线，而加热元素发出的光，经过棱镜的分离，就变成一道一道的了，只有分立的频率，即其光谱是分立光谱。

回到暗线的故事。1832 年，科学家发现这些暗线其实是吸收光谱。温度比较低的某种元素被太阳光加热了，它吸收了光的一些能量，也就是说，太阳光传播到这些温度比较低的元素的时候，被这些元素给“截胡”了。而且这些元素很“挑食”，专门挑一些特定的频率去吸收，于是你看到的光谱里就有一些暗线。元素加热而发射的光谱是一道一道的，这个元素“截胡”太阳光时所吸收的光谱也是一道一道的，1859年，人们发现发射光谱一道道的位置（指波长或频率）和吸收光谱的是一样的。

元素能“吐”出什么和它能“吃”进什么是一样的。光谱就像元素的指纹一样，不同元素的光谱是很独特的，一种元素发出或吸收的光谱和另一种元素不一样。于是，我们就可以通过加热一些物体，分析其光谱，来窥探这一团物体中都有什么元素。1860年，科学家通过这种方法发现了铯元素和铷元素。

但是，光谱究竟是什么？为什么元素可以发出特征光谱？当时的人们还不知道。

时间来到1885年和1888年，巴尔末和里德伯发现，最简单的元素氢元素的光谱满足一个非常简单的数学公式：波长的倒数刚好正比于两个整数的平方的倒数之差。这样一个神秘而简单的公式，其背后应该有一个物理解释。

在同一个时间发展线上，到了1900年左右，另外两件事情已经取得了突破：一件事情是量子论，光量子假说于1900年和1905年时被提出；另一件事情是原子结构，1897年，汤姆森发现了电子；1899年，卢瑟福发现了氦原子核，被叫作 α 粒子。

1904年，汤姆森提出一个原子模型——布丁模型。该模型认为，原子就像一个蛋糕，原子里的电子就像是蛋糕中的葡萄干，均匀地镶嵌在蛋糕里面。但是1909年，卢瑟福等人做了 α 粒子散射实验，实验发现，布丁模型是不对的。α 粒子射到金箔上的时候，大多数的 α 粒子几乎是没有阻碍地穿过去了，只有少数的 α 粒子被原子强烈地、大角度地反弹回来。这件事情让人们很吃惊。

汤姆森的布丁模型看起来很好，但卢瑟福的实验表明，原子里是非常不均匀的，有一个很小的原子核，其他的地方基本上空空如也。基于这个看法，卢瑟福提出了一个行星模型，该模型认为：电子就像行星绕着恒星转一样而绕着原子核转。这个模型解释了 α 粒子散射实验的结果，但是出现了一个新的更严重的问题。电子绕核转动的时候，应该会辐射出电磁波，所以电子就会往原子核里掉，在 10^{-10} 秒都不到的时间内，电子就会掉到原子核里。这个问题该怎么解决？

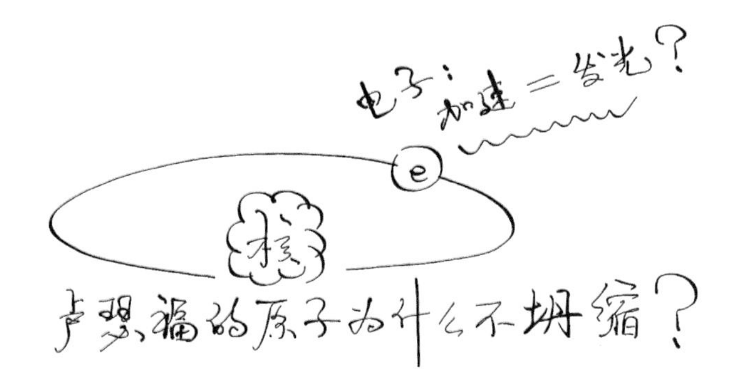

我们有三条线索：光谱、光量子和卢瑟福的行星模型。时势造英雄，有一个人站了出来，他就是玻尔。1913 年，玻尔提出了一个原子模型。他先采用了卢瑟福的行星模型，即电子在绕原子核的轨道上做圆周运动。然后，玻尔把电子运动和量子化联系了起来。电子的轨道运动具有一个频率，玻尔把电子轨道运动的频率和所发出的光的频率联系起来了。这两个频率是有关系的，另外发出的光子应该是整数个光子，从这两点玻尔推导出，频率应该是正比于两个整数的平方的倒数之差。对于光子，频率等于光速除以波长，因此便得到了巴尔末和里德伯的公式。

电子轨道运动的频率和所发出光的频率为什么应该相等？好多人都没明白玻尔是怎么得出这个关系的，没准是蒙的，当然也有可能是出自他超凡的物理直觉。十年以后，当德布罗意提出物质波假设的时候，这一点就非常清楚了。电子是物质波，具有波动性，波动性要求在整个原子轨道上，要有整数或者半整数倍的波长，不能有 1/4 波长，不然接不上。这个条件就告诉了我们最后的公式。

玻尔的原子模型把三条线索接到了一起，最后解决了究竟如何解释巴尔末 - 里德伯模型的问题。但玻尔的原子模型有其历史局限性。氢原子还有超精细结构，这是玻尔模型解决不了的。另外，除了氢，其他原子也有光谱，但是其他原子的光谱，玻尔模型也解决不了。

现在回头看，我们能够理解玻尔模型为什么会失败，因为玻尔相当于从经典理论里边走出了一步，但是他还没有真正地走进量子理论的大门。玻尔虽然用了量子化条件，但仍然采用了卢瑟福的轨道这样的想法。电子轨道是一个经典的概念，现在我们知道实际上电子不是按轨道运动的，它是电子云，即概率幅。

概率幅需要用波函数来表示，这个波函数所满足的方程叫“薛定谔方程”，如下所示，精确地说是叫“定态薛定谔方程”。左边的量是动能加势能，叫作哈密顿量。哈密顿量在量子力学里非常重要，它告诉我们系统的性质以及这个系统随着时间会如何演化。所以，网上有歪诗言：洛阳亲友如相问，直接去问哈密顿。其实这说得非常有道理，因为你要知道态的性质，态的演化，你问哈密顿量就行了，不用去找这个态本身。

量子力学：薛定谔方程的解

$$\left[\frac{\hat{p}^2}{2m}+V(r)\right]\psi=E\psi$$

哈密顿量

氢原子是单电子原子，当然我们还有多电子原子，比如氦、锂、铍、硼、碳、氮、氧、氟、氖，等等。这些多电子原子和氢原子相比，有什么差别?

第一，泡利不相容原理。泡利不相容原理由泡利提出，它指出两个电子不能处于相同的状态，就像两只小猫，它们必须得在不同的地方，你不能把它们摆到一起。

第二，电子会屏蔽原子核的一部分电量。电子带负电，原子核带正电，电子绕着原子核转的时候，它会中和一部分原子核的电量，也就是说，在绕着同一个原子核转但离得更远的电子看来，原子核带的电量好像是减少了。这就好像一群小猫去挤着喝猫妈妈的奶，和一个小猫独占猫妈妈的奶，感觉是不一样的。

还有电子间的相互作用，就像这一帮小猫喝奶的时候互相挤来挤去，会影响其中每一只小猫的运动。

和单电子原子相比，多电子原子有了上述这些不同，也就有了更复杂的特点。于是，要精确地计算氦、锂、铍、硼等的光谱到底是什么样的，十分不容易，但是我们可以做一个定性分析。从氢看起，由薛定谔方程解出氢原子的波函数，波函数有很多种，挑能量最低的一种，我们可以在这个波函数里放一个电子。对于氦原子，我们可以解出一个和氢原子中的情况非常相似的波函数。这个波函数可以容纳两个核外电子。两个核外电子可以放到同一个波函数里。为什么？因为电子有自旋，自旋向上和自旋向下的电子属于不同的状态。再说锂，我们有跟氢原子最低能量态差不多的波函数，但是这个波函数上最多只能放两个电子——自旋向上和自旋向下。第三个电子只能放在更外边，即放在另一个波函数里，也就是薛定谔方程的另一个解。对于锂而言，这另一个解的能量稍稍高一点，但是没有办法，这个电子挤不到最核心，它只能在那个地方。所以，对于最外层的波函数（从半经典的角度讲就是最外层的轨道）而言，氢原子的最外层轨道上有一个电子，锂原子最外层的轨道上也有一个电子，钠、钾、铷、铯，最外层的轨道上也都只有一个电子，所以这些元素的化学性质就比较活泼。而氦最外层的轨道被占满了，占满了以后就无欲无求了。所以，氦原子的化学性质比较懒惰，后面的氖、氩、氪、氙、氡也是差不多，比较懒惰。

通过类似的分析（当然具体的情况非常复杂），我们可以构建出一个从活泼到懒惰的表来，这个表就是元素周期表。当然，门捷列夫构建元素周期表是从化学的经验规律出发的，但是知道了原子内部的性质之后，是可以从第一原理来构建元素周期表的，得到的表与从化学规律出发得到的是同一个元素周期表。有了元素周期表之后，我们可以研究很多的化学现象，还可以把这些不同的原子放在一起，研究结合成的物质的性质。这种对物性的研究就是凝聚态科学、材料科学，等等。

第五章
熵与信息

5.1 大吃一“斤”，什么增加了

从一个有些不雅的笑话开始本章的内容。Alice 和 Bob 走在路上，忽然看见了一堆便便。Alice 对 Bob 说：“如果你把这堆便便吃了，我就给你 10 亿元。”Bob 一听，心想：那就吃了吧。于是，大吃一“斤”。继续走，两人又看见一堆便便。这时，Bob 对 Alice 说：“如果你把这堆便便吃了，我给你

10 亿元。”Alice 说：“好！”也把这堆便便吃了。最后的结果是什么呢？

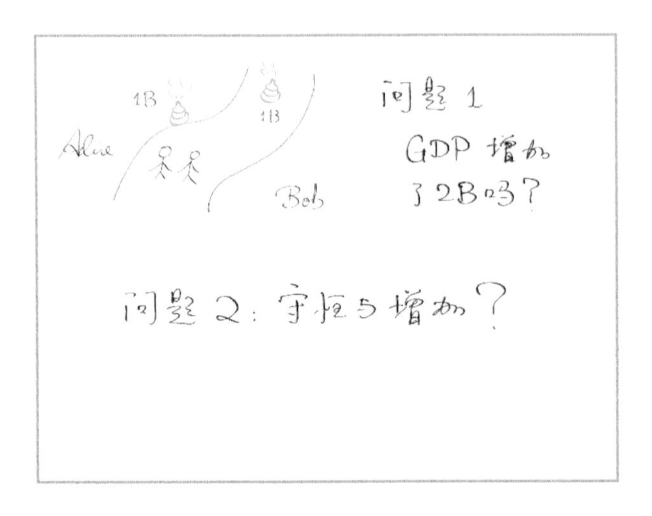

先跟大家道一个歉，因为这个笑话非常不文雅，有辱大家视听。但是，不文雅的未必是不深刻的。听了这个故事，不同的人会想到不同的事情。经济学家可能想问，是不是 GDP 要增加 20 个亿？

我不研究经济，研究物理，听到这个笑话，想到的是什么呢？在这个笑话里，有一些量是不变的，而有一些量却是增加的。Bob 和 Alice 身上的钱最后都没有增多，是不变的，但是他们的不舒适程度增加了。在物理学里，在很多情况下我们也会发现有一些量是不变的，一些量是增加的。那什么量是不变的？什么量是增加的呢？

让我们从第一次工业革命谈起。第一次工业革命始于 18 世纪 60 年代瓦特改进蒸汽机，一直到 19 世纪 40 年代左右达到尾声。第一次工业革命给人类带来了巨变，人们从此可以用机器的力量取代人和动物的力量了。第一次工业革命使人们对能源有了史无前例的渴望，能源燃烧起来，就可以换来钱，换来美好的生活。想得到能源，想到了极限，会想到一个什么问题呢？世界上有没有一种机器，不需要输入能源就可以源源不断地输出能源。

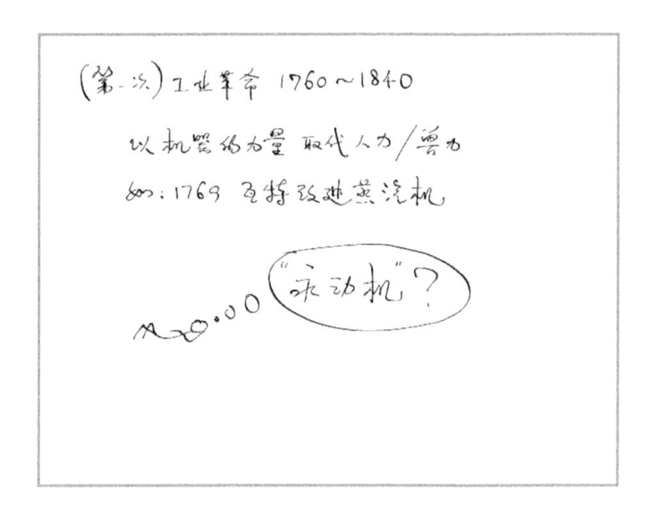

这种机器叫作“永动机”。“永动机”打上引号，是因为它是造不出来的。当时，人们并不知道“永动机”造不出来，很多人做了很多尝试。这些尝试可以分成两类：第一类“永动机”和第二类“永动机”。

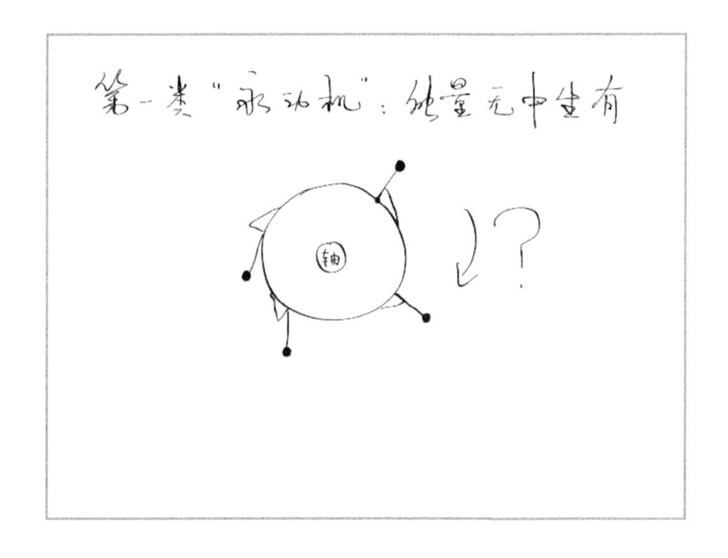

第一类“永动机”的设想是：能量可以无中生有。举个例子，在上图中，

右半部分的力臂看起来长一些，根据杠杆原理，是不是可以把这个齿轮压下来？然后左边的部分到了右边之后，力臂是不是又变长了？是不是又可以继续把齿轮压下来？这样，这个机器是不是就可以一直运动下去？

这个机器是达·芬奇设计的，据说在他之前也有其他人想到过，这个机器的设计年代比第一次工业革命要早得多。第一次工业革命时期，这种机器被制造出来后，人们发现它实际上是不能工作的。为什么不能工作？这个问题留给大家想一想。

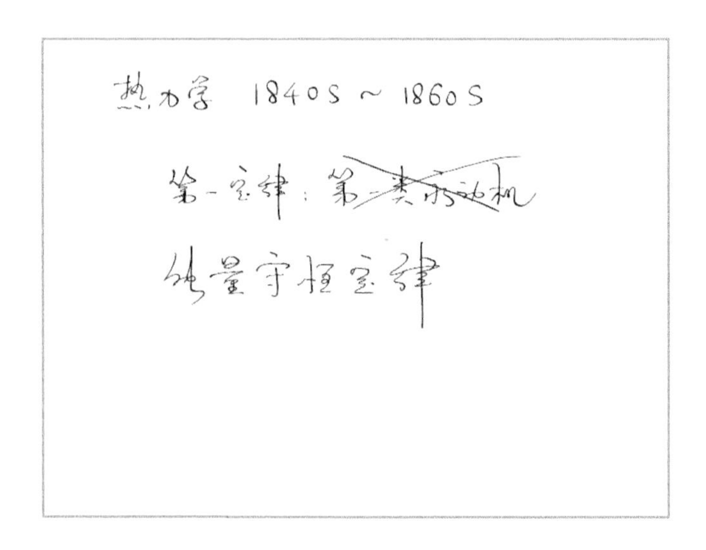

另外，还有很多其他的所谓第一类“永动机”被设计、制造出来，结果发现这些机器都不能工作。这些教训以及当时自然科学的发展告诉我们：第一类“永动机”不可能存在。这就是热力学第一定律。这是从批判的角度来讲，如果从建设的角度讲，第一定律就是能量守恒定律，即：能量既不能被消灭，也不能被创生，只能从一种形式转化为另一种形式，从一个物体转移到另一个物体，而在转化和转移的过程中，能量的总量保持不变。这是初中物理老师让我们一字不差背下来的。

第二类"永动机"：

例：从海里提取热量

↓

热机做功

而热力学第二定律，对应的是：第二类“永动机”也是不能存在的。什么是第二类“永动机”？假如我们接受了能量守恒的概念，不能产生能量，那么只做能量的搬运工，行不行？搬运能量能不能造出“永动机”来？比如，大海里有很多的热量，我们把能量从大海里“搬”出来，让能量像燃烧一样推动活塞做功，做功以后把剩下的能量再传回大海里，通过做能量的搬运工来做功，能不能成功呢？不幸的是，这也是做不到的，这就是热力学第二定律。

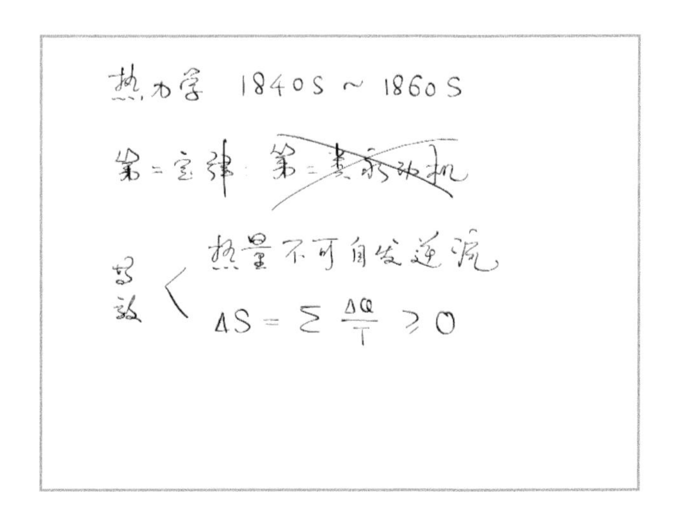

热力学第二定律，用否定方式讲，就是：第二类“永动机”是不存在的，用描述性的方式来讲就是：热量不可能自发地从低温物体流到高温物体。还有一个更加抽象但影响也更加深远的表述，就是：考虑一个孤立系统，我们去计算一个量 $\Delta Q/T$——传导的热量除以温度，把过程中所有的组成部分的 $\Delta Q_i/T_i$ 全都加起来，我们发现这个量只增不减。这个只增不减的量就叫熵。这是热力学里我们对熵的理解，这个理解或多或少有一点神秘感，它的物理意义是什么呢？

在热力学里，我们看得并不是那么清楚，因为我们是把一个热系统，比如说热机，当成一个黑盒子来看，通过我们给定的一些定律，然后看在热力学系统中，我们可以推导出什么样的结论。应该说，熵的物理意义到底对应着什么，我们在统计物理里才能看得更清楚。

什么是统计物理？我们打开热力学的黑盒子，去看气体里的一个一个原子、分子，这些原子、分子的热运动服从什么样的规律？从这些规律我们怎样才能得到热力学的结论，以及更多的结论？这就是统计物理。

为了解释热力学和统计物理之间的关系，我们看这样一个实验。有一个盒子，盒子中间有一块隔板，开始的时候，气体只能在隔板的左边做热运动。接下来把这块隔板提起来，这样，气体就可以从盒子的左边跑到盒子的右边，自由地在盒子里运动了。

在热力学里，我们怎么解释这样的现象呢？这就是气体膨胀。如果开始时右边什么也没有，这是气体对真空进行膨胀。在这个膨胀过程中，熵是增加的。如果我们计算 $\Delta Q/T$，发现熵确实是增加的。

如果我们打开这个黑盒子，去看气体的具体行为，那么在这个过程中，增加的量是什么呢？增加的量是——气体可以做更多的事情了。这就好比，你们家本来是一个 3 室的房子，但因其中的两室、厅等等，全都在装修，所以全家人挤在一个屋里边。挤在一个房间时，大家可能不是那么舒服，很多事情想做但都做不了。但是，当“打开了这个隔板”——装修完了的时候，你可以跑到其他的屋子里了，可以做的事情就多了。

气体也是一样，当它可以跑到其他地方的时候，气体可能存在的状态不仅多了，而且状态数是指数增长的。这种状态数的增加就标志了热力学里那个增加的量——熵的增加。这就是统计力学里熵的解释。

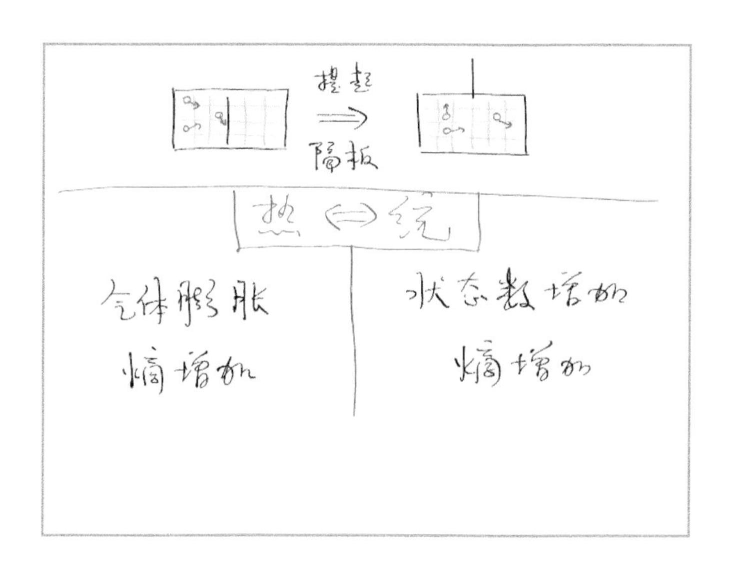

当盒子体积变成二倍的时候，状态数不是线性增长的，是指数增长的。这样的指数增长计算起来非常不方便，因此我们想找到一个可以加起来的量，一个可以和体积这样的量基本上呈线性关系的量。

我们把指数增长取一个对数，这样就得到了一个呈线性增加的量。这个量就是熵。熵正比于气体微观状态数的对数，这个比例常数叫作玻尔兹曼常数，大小是 1.38×10^{-23}J/K。

$$S = k_B \ln \Omega$$

$$k_B = 1.38 \times 10^{-23}\ \mathrm{J/K}$$

微观与宏观的纽带

温度与能量的纽带

这个数被记作 k_B，它非常重要，联系了物理中的不同领域。第一，它联系了宏观和微观。一看 10^{-23} 的幂次，不难猜到它联系的是宏观和微观。为什么？它接近阿伏加德罗常数的倒数。第二，J 和 K 意味着它联系了温度与能量，是温度与能量之间的一个“汇率换算”，是温度与能量之间的纽带。为了看清楚这一点，我们举一个例子。比如，气体热运动的平均能量等于 3/2 $k_\mathrm{B}T$，这就是说，微观运动的能量被转换成了宏观体系的温度。这就是玻尔兹曼常数的威力。

例：$\frac{1}{2}m\overline{v^2} = \frac{3}{2}k_B T$

$$k_B = 1.38 \times 10^{-23}\ \mathrm{J/K}$$

微观与宏观的纽带

温度与能量的纽带

玻尔兹曼据说是一个才思敏捷的人，他上课的时候，学生经常跟不上他的思路。再加上玻尔兹曼又不喜欢写板书，学生便更跟不上了。有一次，一名学生找玻尔兹曼反映：“教授，你能不能把你要说的东西写下来，这样有助于我们理解。”于是在上下一堂课的时候，玻尔兹曼讲了整整一堂课，又讲得信息量很大。学生又跟不上，他也没有写任何板书。快要下课的时候，玻尔兹曼说：“我讲的这一切都是非常显然的，像 1 + 1 = 2 这样显然。”说到这里的时候，玻尔兹曼忽然想起学生的请求，于是在黑板上工工整整地写下了：1 + 1 = 2。

玻尔兹曼这么才思敏捷，但是在熵这件事情上，他经历了很多的论战、经历了很多的坎坷，并且他的论战并不是很成功。因为他是和另外一个更加才思敏捷并且影响力更大的人及其学派去辩论。这个人就是马赫。因此直到去世，玻尔兹曼都没能让世人广泛接受他的下述理念和公式——热力学的统计解释、分子运动论、熵的概念。

现在，玻尔兹曼关系式可以说是物理学历史上最重要的几个公式之一，是值得刻在石头上的，并且它真的被刻在了石头——玻尔兹曼的墓志铭上，以此纪念玻尔兹曼对热力学、统计物理的巨大贡献，同时也反映出玻尔兹曼为了捍卫这个公式所付出的巨大代价——健康和精神上受到的折磨。希望大家，无论以后从事物理研究成功与否，或者从事其他的职业成功与否，都有一个好的心态，不管怎样，不要受到精神上和健康上的折磨。

5.2 时间箭头：谁偷走了你的时间

上文曾提到：岁月是一把杀猪刀。这个说法可能不太文雅，但在历史上，有不少迁客骚人以无比文雅的方式，表达了对时间流逝的感慨，比如“子在川上曰：逝者如斯夫！不舍昼夜”，再比如“君不见黄河之水天上来，奔流到海不复回。君不见高堂明镜悲白发，朝如青丝暮成雪”。那么，到底是谁让黄河的水不能从大海里逆流而上，到底是谁偷走了我们的时间呢？

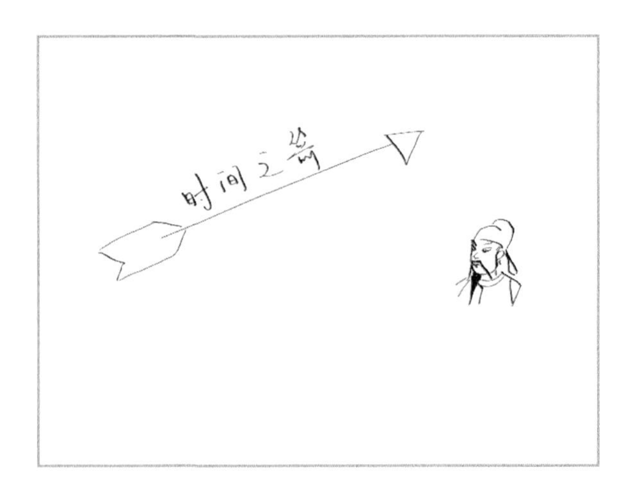

我们可能首先会想到：能不能到力学里去找问题的答案？比如从力学角度来分析，两个小球碰撞然后弹开的这个过程。在这个过程中，我们能找到时间的概念吗？我们用高速摄影机拍摄下这个过程，为了直观起见，我们假定摄影机是使用胶片的，并且假定小球的碰撞是完全弹性的，那么通过看胶片，我们能不能发现，这个胶片上记录的事件哪一边时间较早，哪一边时间较晚？你可能认为，图中左边时间早，两个小球向中间运动，碰撞，然后又弹开了。但是，你同样可以认为另一边时间早。时间有可能是从右到左，也有可能是从左到右的。

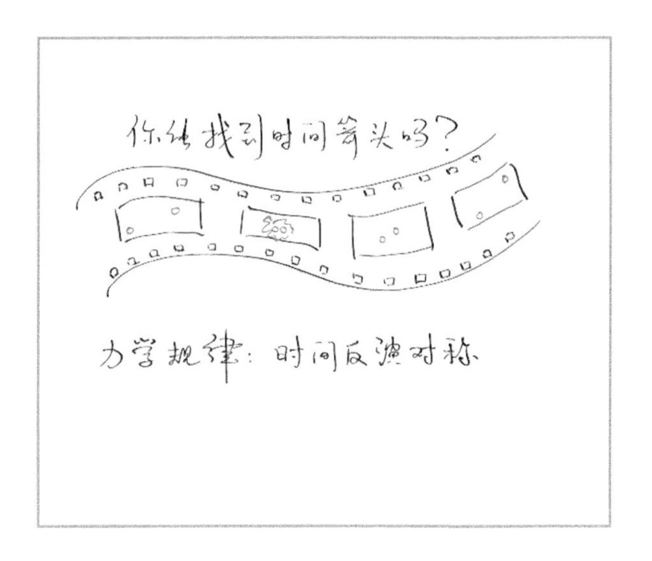

在这个过程中，找不到时间的箭头，更理论的表述是，力学规律是时间反演对称的：如果把时间反过来，我们无法发现力学规律哪里不对，这个世界演化如常。那么你可能会问，这是不是说力学规律不足以描述我们的整个世界，那我们能不能找到更完备的规律？

力学规律：时间反演对称

所有已知基本物理规律：CPT 对称

为什么过去和未来不同？

所有目前我们已知的基本物理规律，都是所谓的 CPT 对称，也就是说，时间上把过去变成未来，未来变成过去，并且再多做一点点事情，把左右对调，把正反粒子对调，物理规律是不变的。在现有的基本物理规律中，都没有办法找到时间箭头。那时间箭头在哪里？时间箭头是不是虚幻的，是不是不存在的？

很显然，时间箭头是存在的。再来看一个例子，我们仍然用高速摄影机去拍摄一个过程，但是这次不是拍摄一个基本的物理过程，而是拍摄一个很复杂的过程：一个杯子里装有水，杯子掉到地上，摔碎了。对于这个过程，拍完之后看胶片，能不能分辨出哪一边早，哪一边晚？相信每一个人都能分辨出。为什么？水落到地上以后，就很难再把它收集回杯子，杯子摔碎以后再黏合，也没有以前的杯子那么完美了。所以说，在这样的一个复杂系统中，可以很容易地找到时间箭头。那么，时间箭头到底藏在哪里？为什么过去和未来是不同的呢？

熵的增加是一个时间的箭头。但是，熵的增加跟我们有什么关系？我们是能实实在在地感觉到时间流逝，我们实在地感觉到岁月是一把杀猪刀，这个感觉是从哪里来的呢？

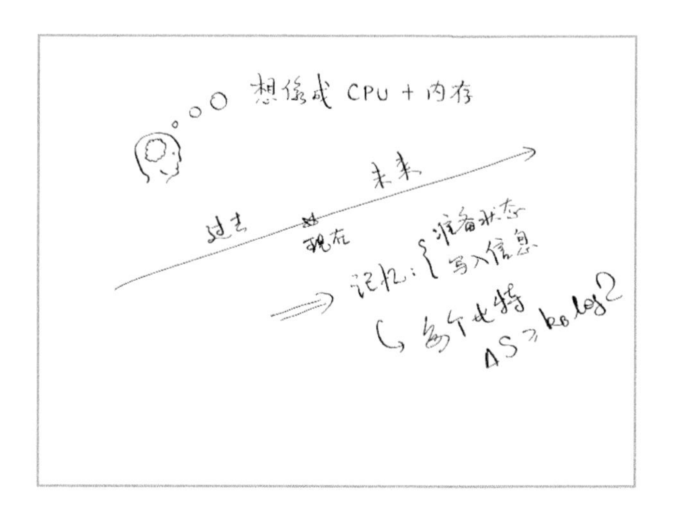

当然，人的感觉、人的思维，是非常复杂的过程，我们现在也不敢说已经理解了人的感觉和思维，但是我们可以把人的感觉和思维抽象为一个简单的物理模型：一个处理信息的中央处理器（CPU）和内存。这样简化能够使我们看清为什么我们有时光流逝的感受。因为对于 CPU 和内存所组成的系统而言，CPU 就是在处理信息，信息流怎么流动，CPU 就怎么样处理信息。但是内存呢，它记住的是什么？内存记住的是过去的事情还是未来的事情？

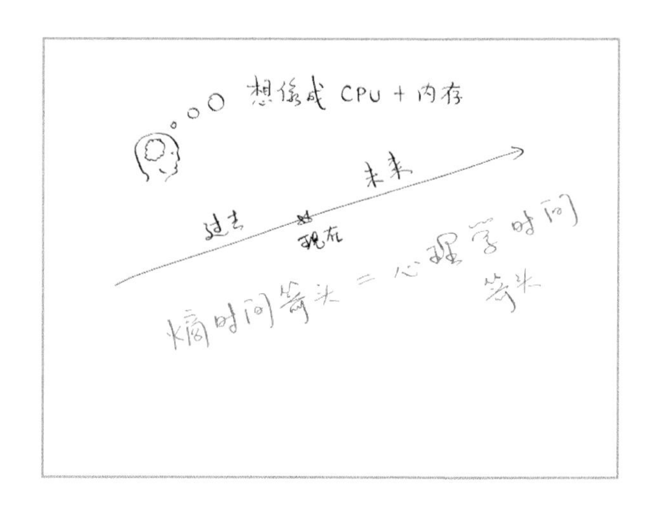

内存记住的是过去的事情，随着信息不断积累，内存记东西这件事也显现出一个方向，这个方向就是从过去到未来。内存记东西为什么有一个方向呢？这是因为如果想把一个比特（二进制数位）的数据写到内存里，首先要在内存里准备一个状态，可以写这个比特，然后再把这个比特写入，整个过程必然是一个熵增加的过程。准备这个比特，然后再写进去，这个过程中至少要增加玻尔兹曼常数乘以 ln 2 这么多的熵。所以说，内存记东西的方向和热力学的时间箭头是一致的。

如果真的可以把我们的人脑当作是 CPU 加内存，那么我们记住的是过去的东西，这和时间箭头是一致的，也就是说，基于我们记忆的心理学时间箭头和热力学时间箭头是一致的。

上文我们解释了熵的增加如何推动了我们对时间的感觉，即“给杀猪刀以岁月”。可能你还会有另一个问题，在“给岁月以杀猪刀”中，这个杀猪刀是哪来的？熵增加到底是哪来的？在这个世界上，熵是不是真的是增加的？熵是不是只能是增加的？有没有可能在这个世界上，熵是不变的或者是减小的呢？

当然，在现实世界，我们观察到熵是增加的，那有没有可能存在一个假想世界，那里的熵不变或者减小呢？先看熵有没有可能不变？假想有一个世界，这个世界一开始就是熵最大的状态，那么它一直会保持熵最大的状态，这样一来这个世界的熵就是不变的。那么我们这个世界为什么熵一开始是非常小的？对不起，这个问题到现在我们还不知道答案，但是，我们可以讨论另一个问题，熵有没有可能减小？再假想有一个世界，这个世界里的熵随时间减小，那我们的体验会是什么样子呢？

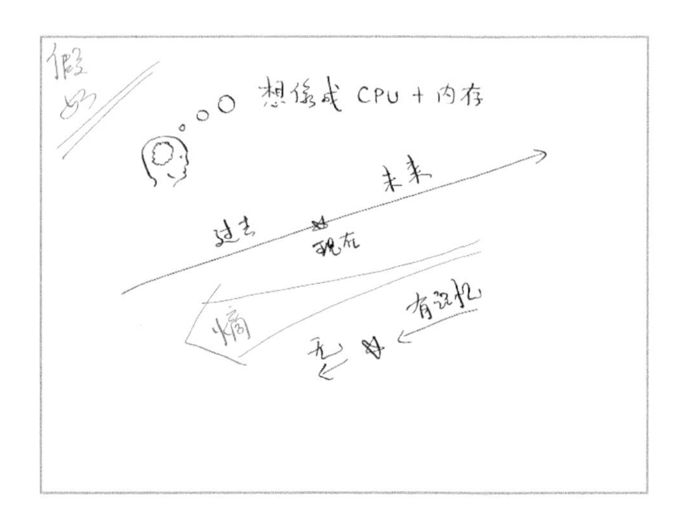

我们仍然可以用 CPU 和内存的模型去假想。如果一个世界未来的熵比较大，然后从未来到过去，熵是越来越多的。在这样的世界中，我们的主观体验是什么？我们能记住哪边的东西？

现在我们能记住的，开始是未来的东西了，因为我们记住东西是要熵增加的。我们是从未来开始记住东西了，那么我们知道的是未来，而未知的是所谓的过去。也就是说，我们的主观体验还是熵增加的，而这个所谓的过去和未来，只不过是符号和约定而已，是没有意义的。真正有意义的是，我们心里的时间箭头和热力学的时间箭头应该是一致的。所以，就算我们生活在一个熵减小的时期，我们在心理上感觉到的仍然是熵增加。

5.3　“麦克斯韦妖”教你什么是新闻

关于熵和信息的关系，我们从一个思想实验讲起。

这个思想实验是由麦克斯韦提出的，假设有一个盒子，盒子里装有气体，盒子中间有一个隔板，把盒子分成左右两部分。隔板中间有一个小门，可以允许气体分子通过。现在我们安排一个看门者，只允许速度快的气体分子从左边运动到右边。

在这种情况下，盒子会出现什么变化呢？我们知道，本来气体分子是随机运动的，但是现在给这个随机性加了一个限制，只有跑得快的分子才能从左边运动到右边，随着时间推移，右边气体分子运动的平均速度将会大于左边，即右边将变得越来越热，而左边会越来越冷。在这个过程中，熵是不是减少了？

如果只看这个盒子，熵确实减少了。这个时候可以拿这个盒子去做哪些事情呢？可以做的事情太多了，比如，熵减少了，两边的压强也不一样了，便可以把它当成一个热机，去推动活塞做功。也就是说，如果真的有熵减小现象，就可以设计出第二类永动机。

是不是非常惊喜、非常意外，也非常奇怪？这种反常，可以借用纪晓岚在《阅微草堂笔记》中的一句话来描述，叫“事出反常必有妖”。

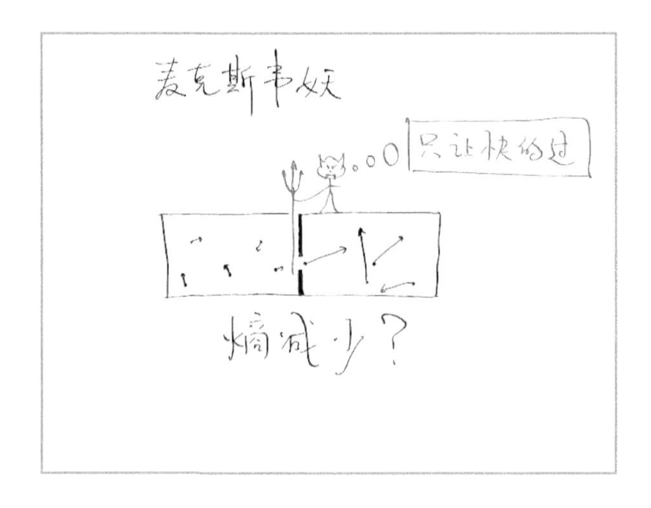

这个理想实验中的看门者，就叫作“麦克斯韦妖”。如果我们只考虑盒子里的状态，那么确实没问题，熵真的是在减少，但是我们不应该只考虑盒子里的状态，还应该考虑“麦克斯韦妖”本身。

如果只考虑盒子里的熵，结论是违反热力学第二定律的。另外，如果熵真的减少了，那么利用这个盒子可以推动活塞做功，这个功来自哪里？来自“麦克斯韦妖”，它知道哪一个分子的运动速度大一点，哪一个分子的运动速度小一点，这个功来自“麦克斯韦妖知道分子的运动状态”，这应了一句话：知识就是力量。这句话可以正着理解，也可以反着理解，反着理解即是：“知道知识”不是一件免费的事情，知道知识要付出代价。

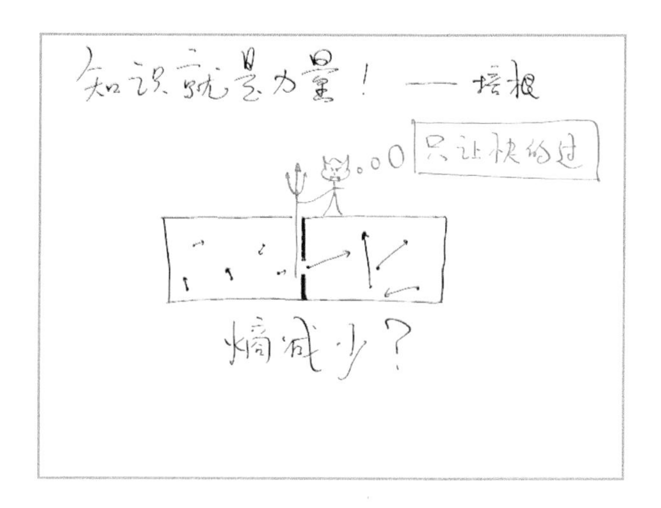

所谓“等闲变却故人心，却道故人心易变”，这个“麦克斯韦妖”在做这件事情的过程中，它的心已经变了。它的心是怎样变化的呢？有两种情况，当然也可能是两种情况的某种混合。第一种情况，“麦克斯韦妖”的记忆力非常好，可以把盒子里所有气体的状态一一记住，如果这样，它要付出什么样的代价？它要把盒子里边乱七八糟的气体的信息塞到脑子里，这样，它脑子里面的混乱程度是不是就增加了？把“麦克斯韦妖”脑子里增加的熵和盒子里减少的熵放到一起看，发现熵的总量永远只增不减。第二种情况，如果这个“麦克斯韦妖”脑子里记不了那么多东西，只有一个脑细胞，只能记住一个比特的信息，那么会出现什么样的状况呢？如果只能记住一个比特的信息，那么就必须先忘掉前边的信息，再把后边的信息写进来。之前我们讲了，忘掉再加上写入这个过程，每一个分子至少要对应着增加 k_B ln2 的熵。放到一起来算，总熵同样是必然只增不减。

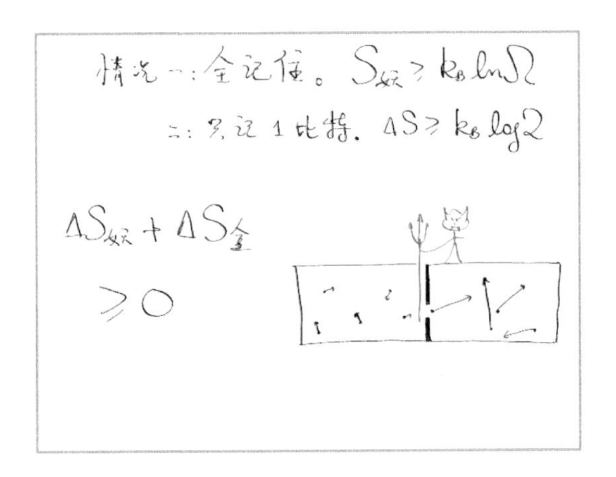

讲到这里，大家可能有一个感觉：熵和信息之间看起来有着一种联系。确实，熵和信息之间有着一种深刻的联系。

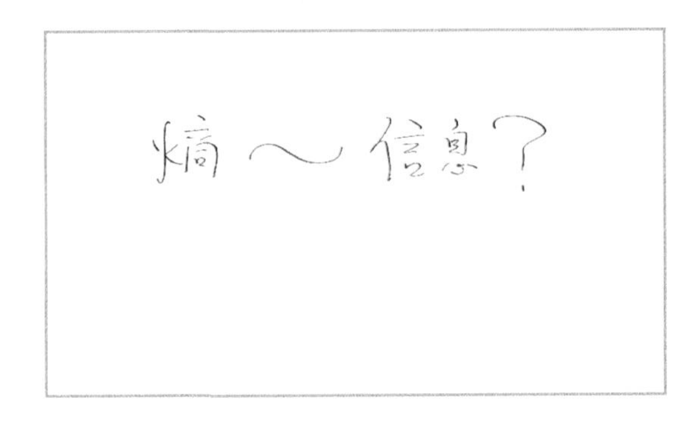

如果光说信息，我们可能没有一个直观的感受。那么我们说说新闻，报纸、手机、电脑里的新闻是非常直观的，即一条一条的信息。什么是新闻？西方媒体人提出过一个理论：狗咬人不是新闻，人咬狗才是新闻。即如果一件事情发生的概率比较大，那么它的新闻价值并不高，发生概率小的事情反而新闻价值高。也就是说，信息量是发生概率的减函数。

什么是信息（新闻）？

狗咬人不是新闻，
人咬狗才是新闻。

信息还有一个特点，它是一条一条的，当然，这些信息之间原则上可能是有一些关联的，但为了简单起见，我们先只考虑独立事件。多个不同的独立事件一起发生的概率有多大？是各个独立事件发生的概率乘到一起。而信息呢，是一条一条的，是可加的。也就是说，如果我们要把概率抽象成信息，我们就要把乘到一起的量变成加到一起的量。如果学过对数，我们就会知道，对数就是把乘到一起的量变成加到一起的量的窍门。

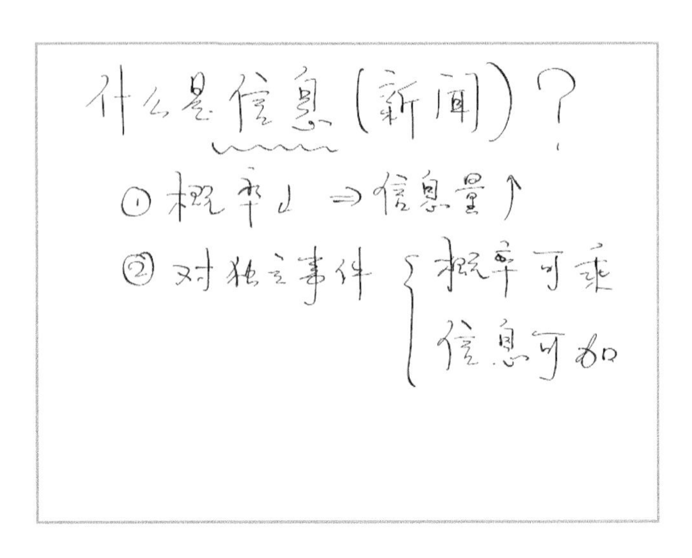

这给了我们一个启发，可以用对数来表示信息。但是，对数是增函数，怎么办？我们把信息再取一个倒数，也就是说，一条新闻或者一条其他信息，它的信息量 h 是 p 的如下函数，其中 p 就是这个事件发生的概率。

这个信息量有什么用呢？我们来做一个思想实验：考试作弊。以前我们的思想实验因为技术要求太高，实现不了，所以只能想一想。考试作弊这个思想实验不一样，它因为道德层次太低，我们不应该去实现，所以，我们还是想一想就好了，仅限于思想实验。

假如有选择题，我们希望用一种二进制的方式——莫尔斯电报码，把答案发送出去。如果每个答案出现的概率是一样的，那非常简单。但是，通过对以往多次考试的总结，我们发现了规律：不知道选什么的时候就选 C，C 为答案的概率最大；A 和 B 为答案的概率最小；D 为答案的概率介于两者之间……那么我们应该如何去编码这个信息，让信息的编码比较短呢？编码比较短，考试作弊被抓住的概率就会比较小。

怎么去编码？你可能说，“编码我会，世界上有 10 种人，一种是懂二进制的，一种是不懂二进制的，我懂二进制，所以，直接用二进制去把它们编码不就可以了吗？”A 就是 00；B 是 01；C 是 10；D 是 11。这样就实现了编码。

这种编码的平均码长是多少呢？平均码长是 2：每一个编码都是由两个比特的信息组成。为了减小被抓住的概率，我们问一个问题，有没有可能进一步地缩短这个平均码长呢？

为了回答这个问题，我们想一想前面谈到的信息量概念。信息量就是先把信息取倒数，然后再取一个对数。我们来算一算下图例子中选 A、选 B、选 C、选 D 的信息量分别是多少？选 A 的信息量：1/8 取倒数是 8，然后再取一个以 2 为底的对数，得 3。同理，B 的信息量是 3，C 的信息量是 1，D 的信息量是 2。

有啥用？思想实验.

$p_A=\frac{1}{8}$, $p_B=\frac{1}{8}$, $p_C=\frac{1}{2}$, $p_D=\frac{1}{4}$

如何编码？ ($h=\log_2\frac{1}{p}$)

$h_A=3$, $h_B=3$, $h_C=1$, $h_D=2$

如果编码是按照信息量来分配码长，也就是说，A 是 000，B 是 001，C 是 1，D 是 01，编码的平均码长是多少呢？首先，A 的概率是 1/8，A 的信息量是 3，所以 A 贡献的平均码长就是 3/8。B 贡献的也是 3/8，C 贡献的是 1/2，D 贡献的是 2/4。总的平均码长是 1.75，比 2 小，是一个更有效的编码方式。

$p_A=\frac{1}{8}$, $p_B=\frac{1}{8}$, $p_C=\frac{1}{2}$, $p_D=\frac{1}{4}$

如何编码？

$h_A=3$, $h_B=3$, $h_C=1$, $h_D=2$

码：A:000, B:001, C:1, D:01

$\langle h\rangle=\frac{3}{8}+\frac{3}{8}+\frac{1}{2}+\frac{2}{4}=1.75$

这里的平均码长是一个例子，一般情况下，如果我们一共有 Ω 种状态，每一种状态我们用 i 来表示，每一种状态的发生概率是 p_i，那么它的信息量是 $\log_2 1/p_i$，那么它的“平均码长”就是把这些 $\log_2 1/p_i$ 加到一起，进行加权平均，即平均码长就是 $p_i \log_2 \frac{1}{p_i}$加到一起。

这个公式是香农在 1948 年提出的，巧合的是，在物理领域，19 世纪 70 年代到 20 世纪时，吉布斯提出了一个玻尔兹曼熵的推广公式——吉布斯熵，它也是等于 $p_i \log_2 \frac{1}{p_i}$加到一起。这两个公式的数学结构是一样的。

$$\langle h \rangle = \frac{3}{8} + \frac{3}{8} + \frac{1}{2} + \frac{2}{4} = 1.75$$

$$\text{平均码长} = \sum_{\text{所有状态 } i} p_i \log_2 \frac{1}{p_i}$$

香农熵 ~ 吉布斯熵 $S = k_B \sum_i p_i \ln \frac{1}{p_i}$

(1948) (1870s ~ 1900s)

你可能会有疑问，怎么又出现了一个吉布斯熵啊？我想看到的是玻尔兹曼熵。那就举一个特例，如果所有状态出现的概率都相等，即都等于状态数分之一，就发现上式等于状态数的对数，也就是正比于玻尔兹曼熵。从这里我们就能看出信息和熵之间的深刻联系。

$$\langle h \rangle = \frac{3}{8} + \frac{3}{8} + \frac{1}{2} + \frac{2}{4} = 1.75$$

$$\text{平均码长} = \sum_{\text{所有状态 } i} p_i \log_2 \frac{1}{p_i}$$

$$\text{特例：} p_i = \frac{1}{\Omega} \quad \forall i$$

$$\Rightarrow \text{平均码长} = \log_2 \Omega$$

再举一个例子，假如有 12 个球，其中一个球的重量与其他球不同，我们用天平最少测几次才能把这个重量不同的球找出来呢？大家可能曾经把这个问题当智力题做过，但其实这个问题有一个程式化的解决方案。它实际上相当于如何把这 12 个球进行分割：多少个球放左边，多少个球放右边，多少个球不称。把所有的可能方式的信息量算一遍，取信息量最大的就行了。这样，别说 12 个球，就算 1200 个球，我们也可以很快算出来最少需要测几次。

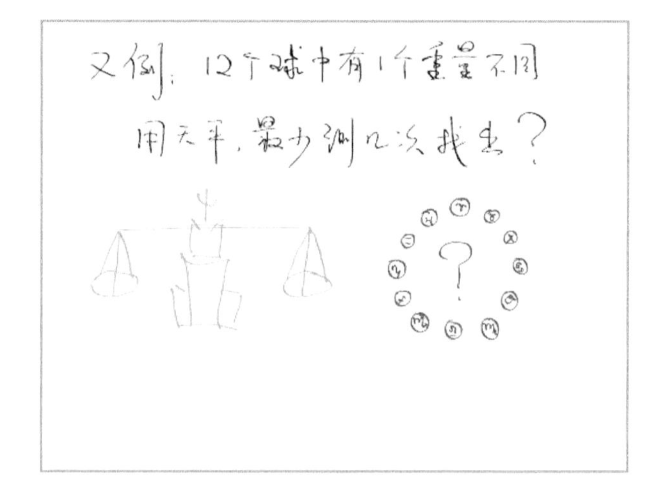

这些只是很小的例子，从 1948 年香农提出信息熵的概念到现在，信息科学已经发展为一个既有理论又可以实践的科学。信息科学有广泛的应用，比如：一个文件的压缩率极限是多少。内存里如果发生了一些错误，怎么纠错。在无线网络通信过程中，如果有一些损失，怎么把损失纠正过来；在人与人的沟通中，我们理解对方说的话的意思时可能会有偏差，如何才能更有效地沟通；计算机的计算速度和发热量之间是不是有物理学上的联系；计算机的计算速度是不是有一个极限等。信息科学问题和物理学是有着深刻联系的。

第六章
复杂

6.1 从“兔子函数”到“三生万物”

本章开始介绍“复杂”的世界。从牛顿开始，科学的发展一直遵循着一个动力：面对纷繁复杂的世界，我们希望将其简化，希望找到复杂世界背后的规律。虽然我们希望“化繁为简”，但理想是丰满的，现实有时是骨感的。

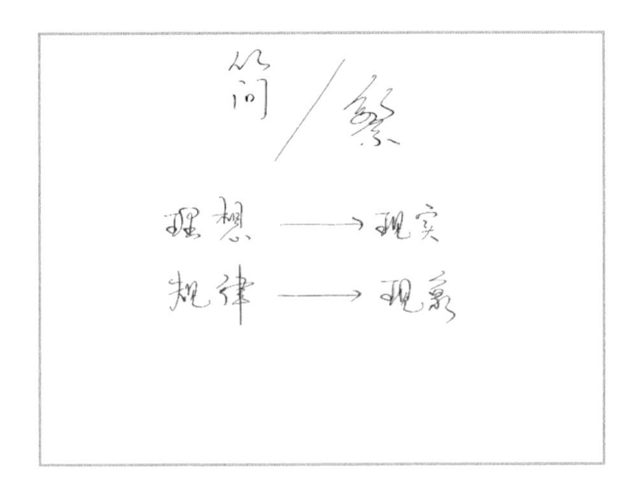

“化繁为简”的意思是，发现最简单的规律，比如以牛顿力学研究两体运动。但是，如果我们不满足于研究两体运动，而要研究三体运动、四体运动，甚至 10^{23} 体运动，怎么办？在这样的情况下，是不是复杂性又重新出现了？是的，我们从“简”又变成了“繁”。当我们从“简”又变成了“繁”的时候，我们追问：是不是在“繁”里会再有新的“简”出现？即，会不会有一些演生的规律？

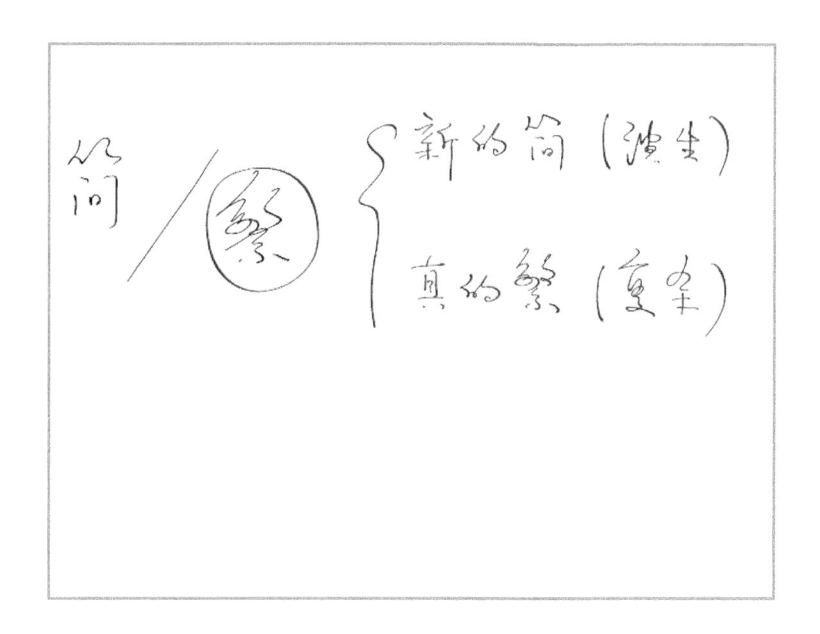

演生规律虽然并不是最基本的物理规律，但可以描述一个很复杂的系统。两体运动可以用简单的牛顿力学来处理，那么 10^{23} 体运动呢？用牛顿力学肯定是难以处理的，不过我们发现可以使用统计力学，然后再约化到热力学，这样我们就从“繁”又得到了新的“简”，从简到繁，又从繁到简。但是我们并不总是这样幸运。

有一些过程，其中的繁是真的繁，有一些复杂的结构蕴含其中，至少到现在为止，我们还没有想到任何办法来将其进一步简化。

那么，是不是从中找不到任何可以研究的规律了？也不是，我们还是可以找到一些和传统的科学规律不一样的规律。

下面这个函数是一个非常简单的二次函数，相信大家都学过。但是，我们还可以玩一些花样——反复迭代！比如，从 $z = 0$ 开始，先算出 $f(0)$，然后再算 $f(f(0))$，再算 $f(f(f(0)))$……这样反复迭代，问：这个函数经过无穷次迭代之后，是趋于一个常数，还是会变得发散？

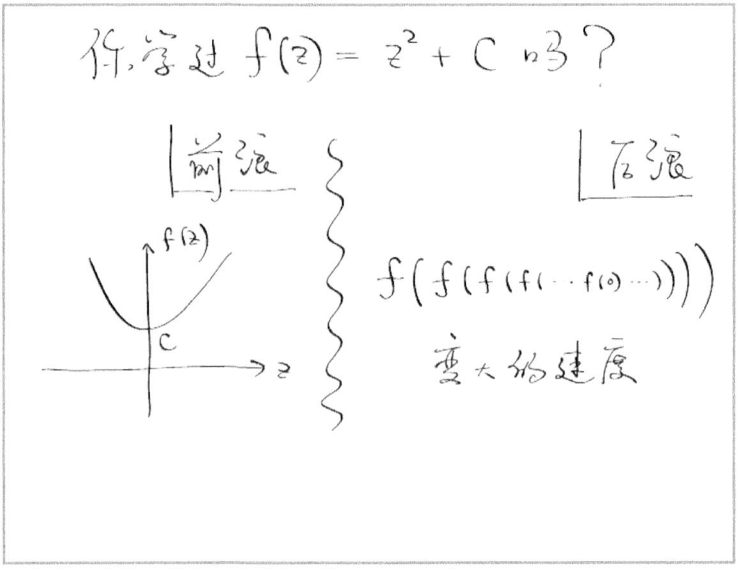

在 Mathematica 软件中，我们可以方便地利用一个函数把上述函数的图像画出来。这叫作 Mandebrot 集，这个函数叫作 Mandebrot 函数。在黑色区域里，函数是不发散的；在紫色区域里，函数发散的速度特别快。在边界处，迭代了若干次之后，函数才体现出发散的迹象。

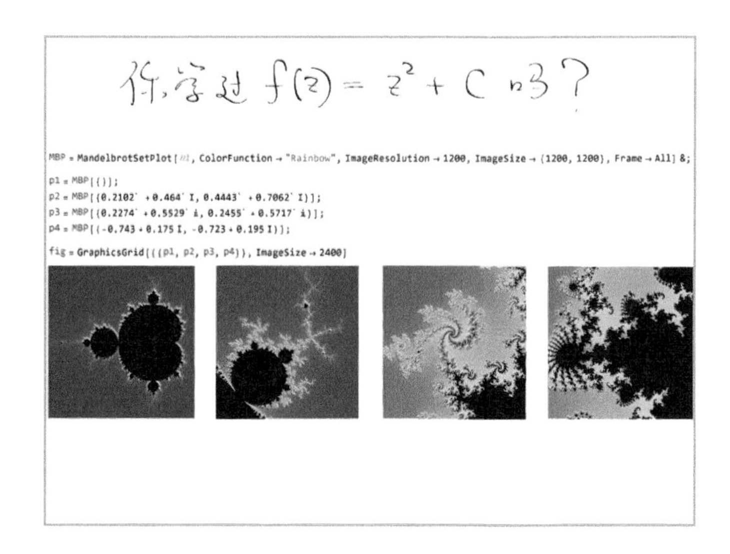

将图像放大，观察紫色和黑色的边界，你会看到非常复杂、非常有趣的结构；再继续放大，这种复杂的结构好似无穷无尽。这真是非常神奇的一件事情，从如此简单的函数竟可以演生出无穷无尽的结构！

补充一点，C 必须是一个复数，前面的 Mandebrot 图像也是复平面上的图像。如果你认为复数太难了，下面考虑一个实数函数。一个非常简单的二次函数，如下所示。

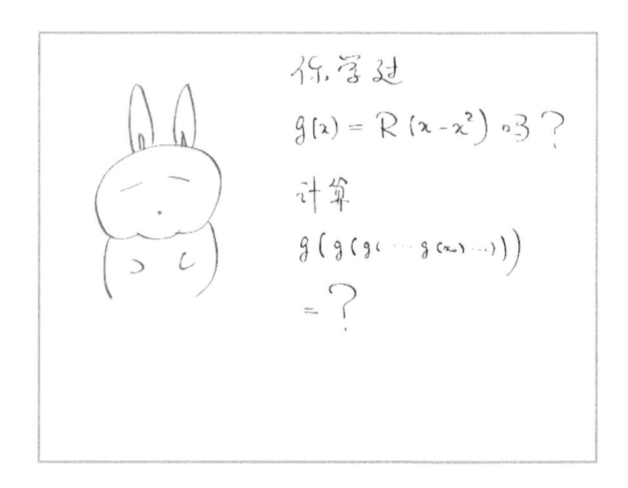

我们让 x 和 R 全都是实数，不再是复数了，下面用同样的玩法，即计算 $g(g(g(\cdots g(x)\cdots)))$。从 x_0 开始，比如说 $x_0=0.2$ 或者其他你喜欢的值，然后无限次迭代，看能迭代出什么样的结果。

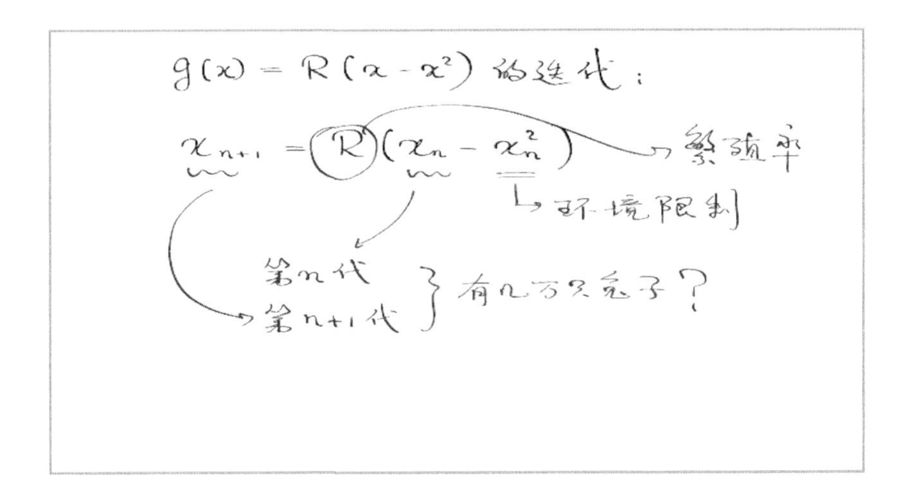

可能你会觉得好无聊，迭代这么多次干什么？在不同的领域，迭代不同次，可以做不同的事情。比如，在计算机领域，有函数式编程，用函数的各种各样的迭代，可以编出所有我们想要的计算机程序。

说到函数式编程，有一个笑话。一个美国特工跑到俄罗斯去偷国防软件的代码。这个特工非常高兴，他终于把代码的最后5页偷到了。但俄罗斯国防部用的是函数式编程，美国特工偷到后一看，最后5页全都是反括号。

这里我们不讲函数式编程，我们讲的是一个真实世界的模型——兔子的繁殖模型。想象有一个孤岛，岛上生活着一群兔子。这些第零代的兔子可以生第一代的兔子崽，第一代的兔子崽可以生第二代的兔子崽崽……

在考虑这样一个模型的时候，函数会告诉我们什么呢？它告诉我们，有

了第 n 代的兔子数，如何去计算第 $n+1$ 代的兔子数。比如说，第 n 代有几万只兔子，我们用 x_n 来表示。第 n 代兔子会繁殖，有一个繁殖率，R 就是这个繁殖率，表示每只兔子可以生的下一代兔子数。如果 R 大于 1，兔子数将指数增长；R 小于 1，将指数衰减。

指数增长在一个岛上是不可能持续的，岛上只有有限的草、有限的空间、有限的资源。指数增长必然会因为食物有限、空间有限等原因被压制下去，那么怎么压制下去呢？我们用了一个最简单的模型，即用一个负的二次项把指数增长给压制下去。x_n 的平方就是第 n 代兔子受到的环境限制。

这就是一对兔子的生态繁殖模型，它拥有一个很神奇的、很摸不着头脑的名字——Logistic Map，直译成中文就是逻辑地图，这就更让人摸不着头脑了。一个好一点的翻译是——单峰映射。但是，如果我们不深入去讲这个函数，单峰映射这个名字恐怕也会令人摸不着头脑。所以，我们姑且就叫它“兔子繁殖函数”，简称“兔崽子函数”。

Logistic Map

~~逻辑地图~~

单峰映射

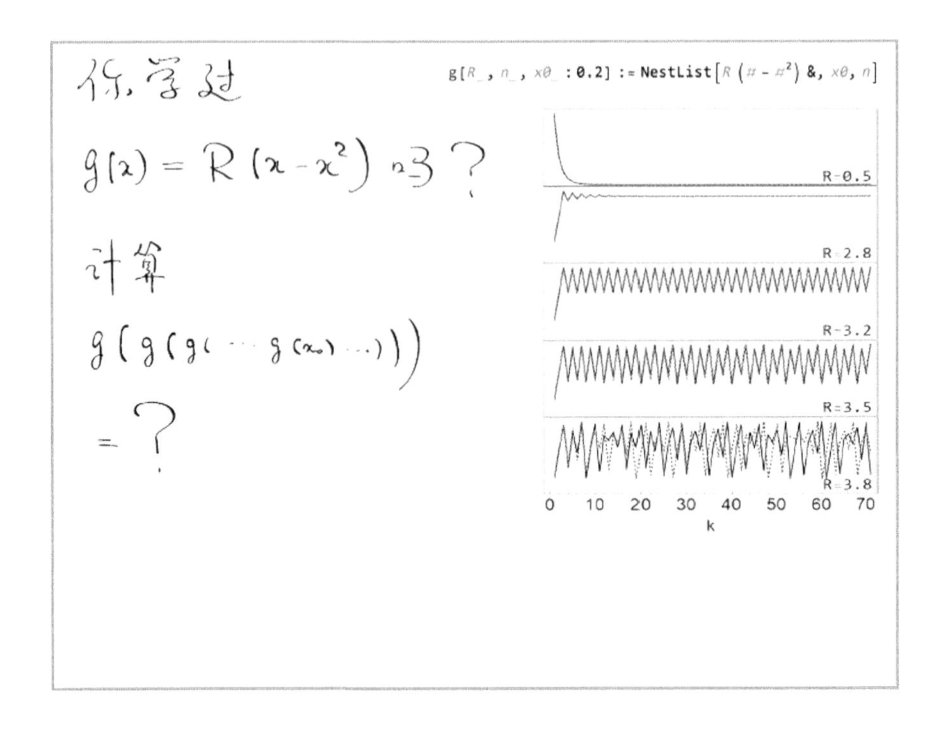

下面我们看这个“兔崽子函数”在取不同的 R 值时，会呈现出什么样的性质？ R 等于 0.5，即第零代的兔子生了一半的第一代的兔子，然后第零代兔子死掉了；第一代的兔子又生了一半数量的第二代的兔子。想象一下，兔子的数目是不是变得越来越少？指数衰减，兔子的数目很快就趋向于 0。

R 大于 1，但是没有大太多，比如 R 等于 2.8，会出现什么样的现象？兔子的数量会趋于一个常数，这个常数就是兔子呈指数增长的繁殖数目和环境对兔子的压制所达到的一个平衡状态。这个常数也非常好算：把 $g(x)$ 等同于 x 本身，然后把方程解出来。

但是，如果兔子更能生一点呢？如果 R 等于 3.2，函数的性质又不一样了。当繁殖到足够多代之后，它会在两个值之间不断地振荡。

如果我们把 R 再增大一点，增大到 3.5，会出现什么现象？你会发现兔子数有了更加奇特的性质，它会收敛到几个值，即兔子的数量在几个不同的值之间往复循环，而不是简单地在两个值之间往复循环。

再大一点，比如 R 等于 3.8 呢？这时，你根本找不到循环的规律了。

下面我们仔细地看一看这个“兔崽子函数”的 4 个性质。

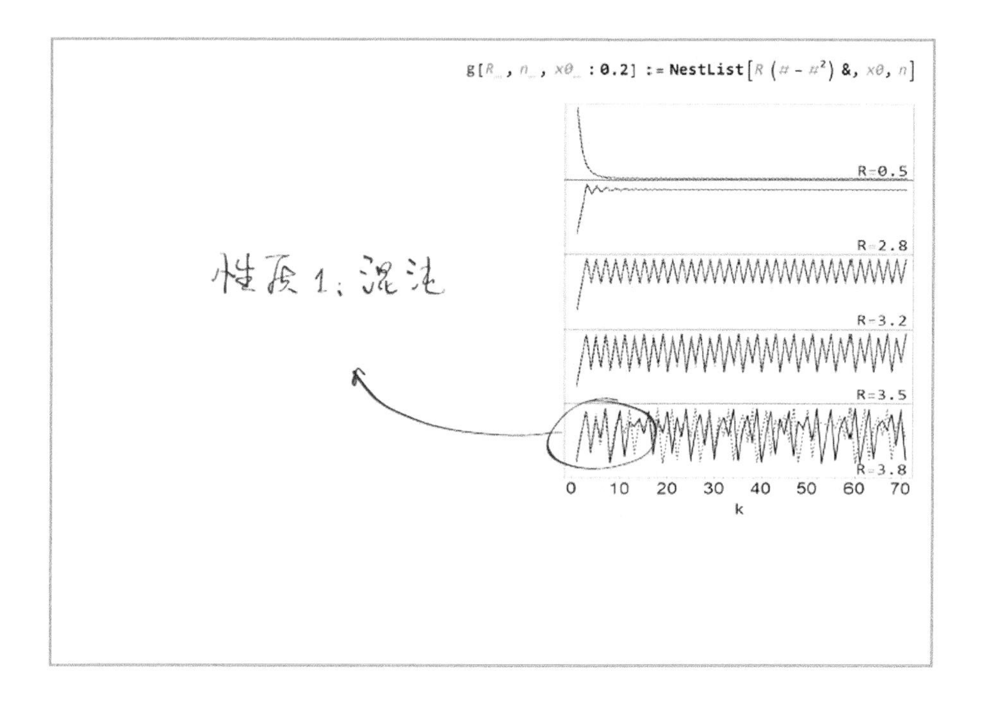

性质 1 是混沌。当 R 值很大时，我们发现已经找不到规律了，不仅找不到规律，而且如果我们把兔子的初始数目改变一点点，函数后面的行为会非常不一样。黑色实线代表的是初始值 0.2 万只兔子的情况，红色虚线是初始值 0.205 万只兔子的情况，只改变了一点点，但是，之后兔子的数目变得非常不同，黑线和红线几乎看不出任何的相关性，这就是混沌的性质。

混沌和分叉现象紧密相关。分叉、分叉，最后变成了混沌。下面这幅图是 1976 年，罗伯特 • 梅花了好大的精力，最后画出的比较“残缺”的一幅图。

现在，由于计算机技术已经发展得非常好了，我们只用几行代码就可以把图给补全。

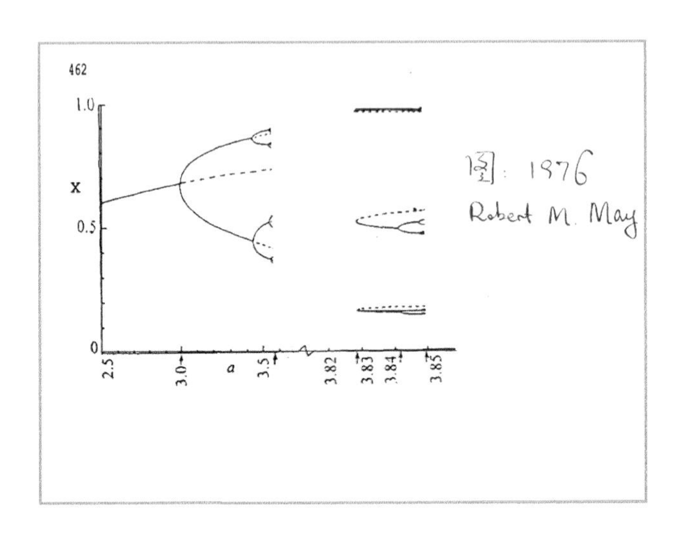

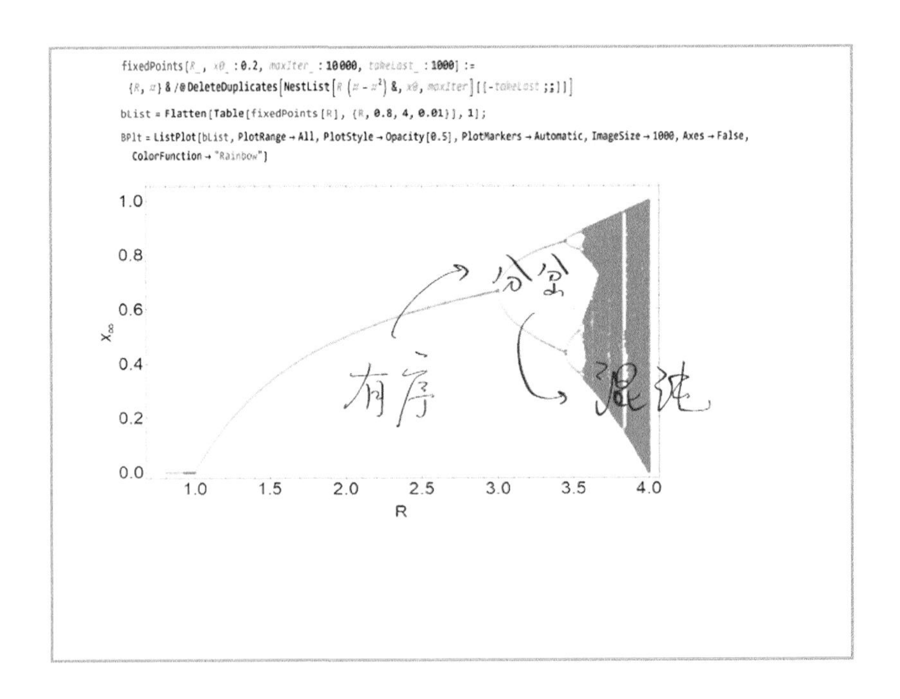

我们发现，随着我们取不同的 R 值，当 R 比较小的时候，兔子的数目会在不同的几个值之间往复地改变。而当 R 比较大的时候，这种改变越来越复杂，甚至让人找不到规律。这是性质 1：混沌。下文还会仔细地讲性质 1。

性质 2 是自相似。我们发现，如果考虑整个图的性质和图的一小部分的性质、一小小部分的性质，我们在图里能找出很多和整个图相似的小结构。这也是复杂性的一个突出性质。

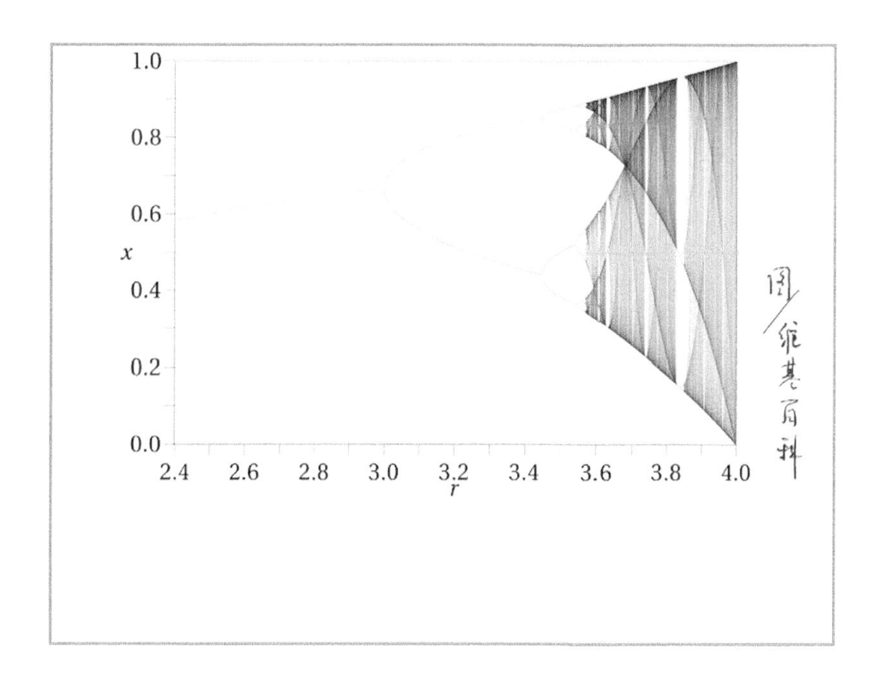

性质 3 叫“三生万物”。什么意思呢？在“兔崽子函数”等所属的很大一类函数中，如果你能找到一个“周期三”，即兔子的数目是在 3 个值之间不断地跳跃，那你就可以找到任何自然数的周期。我们再看“兔崽子函数”的图，周期三在哪里？我们在图中标出了周期三，一共有 3 个值，这就是周期三。即兔子繁殖足够多代以后，兔子数量将在 3 个数值之间来回变化。

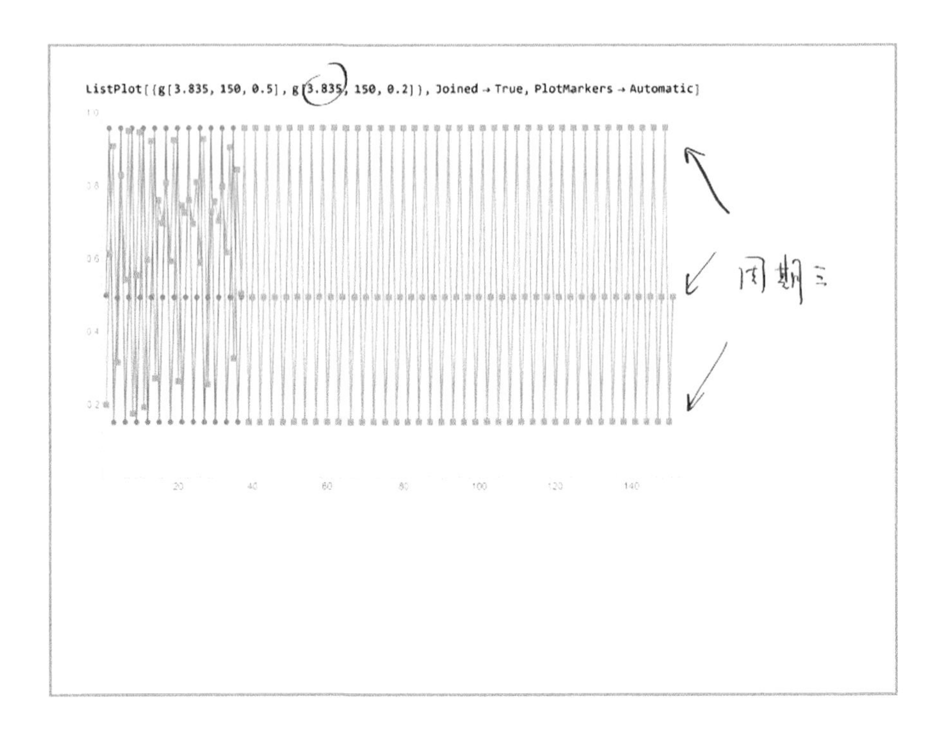

有了这个周期三之后，沙科夫斯基定理和李天岩 - 约克定理告诉我们，可以找到这个函数的任何周期，最后导致混沌现象，这是用一个非常巧妙的数学构造证明出来的，也可以被叫作“花式数数”。

Sharkovskii- (1864)
李天岩-Yorke定理 (1975)

/* 花式数数定理 */

相信大家都会数数，但是大家会像下面这样数吗？先数除了 1 以外的所有奇数，再数这些奇数乘以 2，再数这些奇数乘以 2 的平方，一直到这些奇数乘以 2 的 n 次方，最后我们数 2 的 n 次方，一直到 4 次方、3 次方、2 次方、1 次方和 0 次方。自然数的这种排列顺序看起来特别奇特，但是如果你仔细想一想，会发现它包含了所有的自然数。沙科夫斯基定理和李天岩 - 约克定理告诉我们，这个花式数数的顺序有个特点，越是排在前面的周期越难出现，越是排在后面的周期越容易出现。比如说，如果你在系统里发现，5 × 2=10 是系统的一个周期，也就是兔子数目会在 10 个数值之间往复变化，那么，你也会在系统中找到排在 5 × 2 后面的所有周期，如 7 × 2=14，等等。特别要指出的是，在这种数数顺序中排在首位的 3（下图中左上角第一个数字 3），是所有自然数周期中最难出现的。如果你能在系统中找到周期三，你就可以找到所有自然数的周期，以及更加无规则的混沌现象的存在。这就是从周期到混沌的奥秘——三生万物。

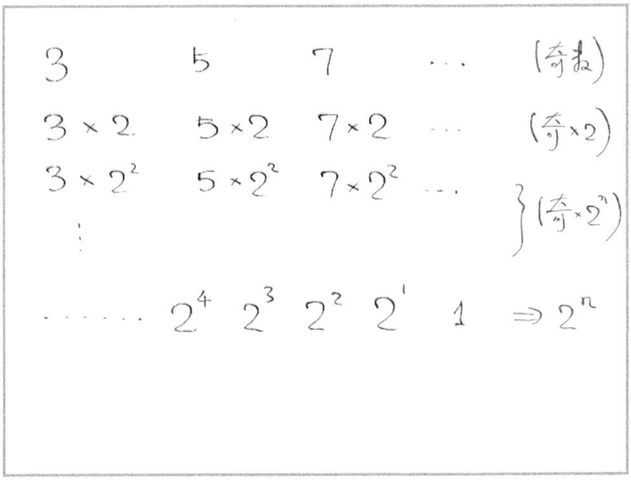

$3 \quad 5 \quad 7 \quad \cdots$ (奇数)

$3\times 2 \quad 5\times 2 \quad 7\times 2 \quad \cdots$ (奇×2)

$3\times 2^2 \quad 5\times 2^2 \quad 7\times 2^2 \quad \cdots$ (奇×2^n)

$\vdots$

$\cdots\cdots \quad 2^4 \quad 2^3 \quad 2^2 \quad 2^1 \quad 1 \Rightarrow 2^n$

性质 4，图中有很多的分叉点，这些分叉点之间遵循着什么样的比例关系？这个比例关系里边暗藏着自然界之中的一个基本常数——Feigenbaum 常数。

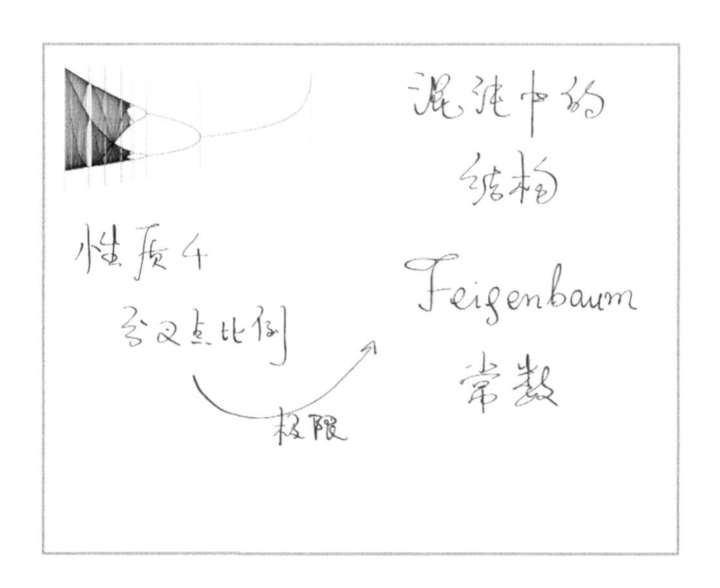

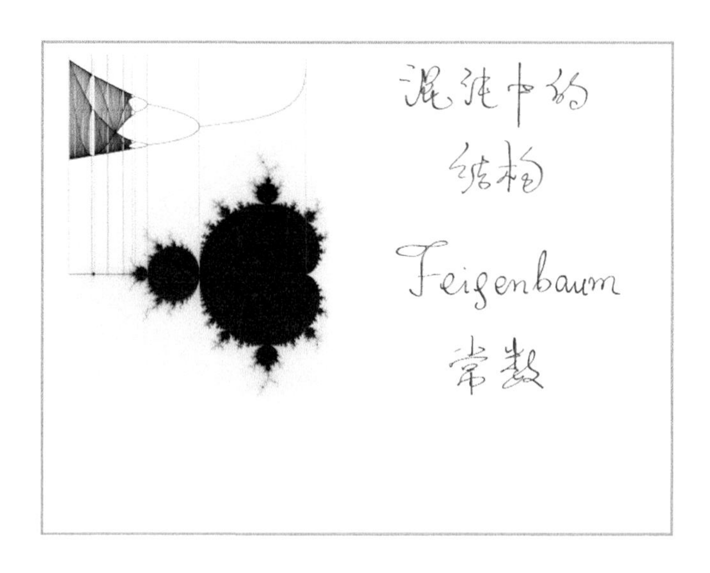

这上边有很多的红色道道，对应着Mandebrot集里的不同节点，它们都对应同一个Feigenbaum常数。而Feigenbaum常数是自然界里的一个基本常数。

6.2 三体星人为什么算不对飞星

上一节讲了“兔崽子函数”的复杂性，下面继续探讨“混沌”的概念。《礼记》中有一句话：“君子慎始，差若毫厘，谬以千里。”“君子慎始”，如果翻译成物理语言，就是：正经人应该谨慎地选择初始条件。初始条件为什么这么重要呢？“差若毫厘，谬以千里”，如果初始条件有些许不同，也许事物最终的运动、发展变化会完全不同。这就是古代朴素的混沌现象。

到了近现代，混沌现象终于可以用数学工具描述出来了。用数学工具描述混沌现象，是从“三体问题”开始的。提到三体问题，你可能会联想到科幻小说《三体》。什么是三体问题？有一天，秦始皇看见天上飞过两颗飞星，这就是三体问题。两颗恒星和一颗行星，就是三体问题了。你可能会问，《三体》小说里可以飞过三颗飞星。三颗飞星，再加上一颗行星，其实那叫“四体问题”。真正简单的三体问题其实是两颗恒星再加一颗行星。如果这颗行星的质量足够小，对两颗恒星的反作用可以忽略，这叫“限制性的三体问题”。就算是这种限制性的三体问题，也足够困难、足够复杂。

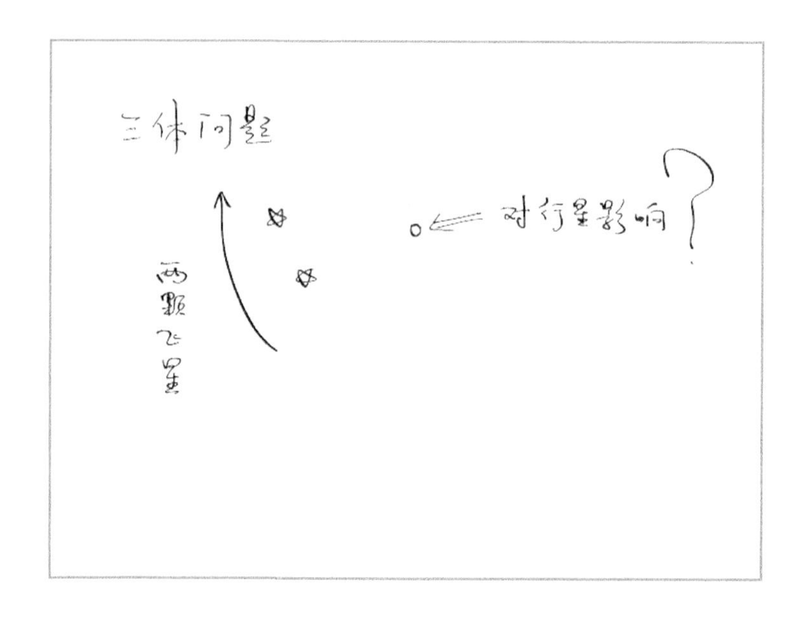

限制性的三体问题中会出现混沌，这点庞加莱在19世纪90年代时就已经发现了。庞加莱当时写了一篇160页的论文，研究三体问题，还获了一个奖。论文付印后，庞加莱发现论文里有一个错误，便说：“已经印的论文全部销毁，我自费销毁，以后加印的时候也自费”。他就这样把这个错误改了过来。160页的论文变成了270页，这270页的论文就是“混沌”的始祖。

杨振宁先生曾经说过这样一句话：“数学论文分两种，一种是你看了第一页就不想再读了，另一种呢，你看了第一行就不想再读。”不幸的是，庞加莱这篇论文虽然非常重要，但是被遗忘了很多年。很多年后，当后人从纸堆里把这篇论文翻出来的时候，大家看到了一句话：无法画出来的图形的复杂性让我震惊。这句话令人震惊，为什么？因为庞加莱是被这种无法画出来的图形的复杂性震惊到的第一个人。第二个人什么时候出现的？第2、3、4……个人是在电子计算机出现之后出现的，这时原来无法画出来的图形的复杂性变成了可以画出来的图形的复杂性。这些人真正地看到了这个图形的复杂性的时候，他们震惊了，最后翻到了庞加莱的文章。庞加莱写论文的时候没有计算机，在他脑子里，他是怎样震惊于这种无法画出来的图形的复杂性的？我真的是无法想象，感觉这是很令人震惊的事情。

后来，洛伦兹在研究天气预报时，试图用一组微分方程结合观测去预报天气。（这个洛伦兹不是狭义相对论中洛伦兹变换公式所对应的那个洛伦兹，是另一个人。）直到现在，虽然借助非常强大的遥感技术以及非常强大的超级计算机，我们对短期天气有了基本准确的预报，但是长期天气的预报几乎还是一个不可能的任务。在超级计算机之前，短期天气预报也是一个非常大的挑战。据传，电视台播天气预报的时候，要选择一个有窗户的房间。为什么？避免睁眼说瞎话！假如电视台选择一个没有窗户的房间，那么可能出现：播音员预告“今天晴”，但外边正在下雨。有窗户的房间就不同了，播音员念完“今天晴”，往外瞄一眼，看见外面在下雨，赶紧改口说，“今天晴，转多云有小雨”，这样就避免了睁眼说瞎话。

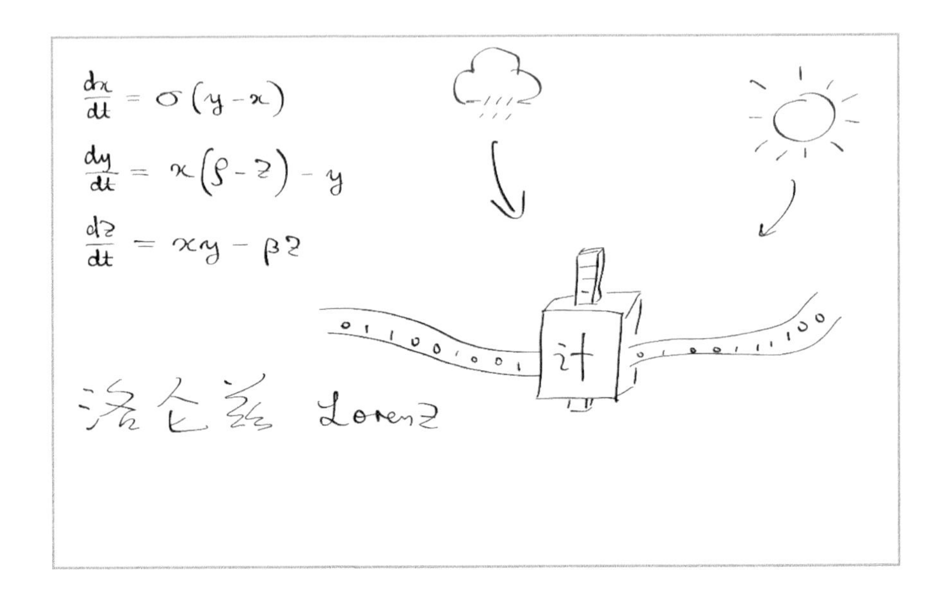

在洛伦兹生活的年代，人们已经开始使用电子计算机了，不过是速度非常慢的那种电子计算机。他做了这样的一个计算：把天气现象简化成一组微分方程，今天的天气作为微分方程的初始条件。有了初始条件后，就可以求解微分方程，去推演明天的天气、后天的天气，等等。当洛伦兹做这样的尝试时，他发现了一件很奇怪的事情。他用两种方法进行计算，第一种方法是给定今天的天气，然后直接去算后天的天气；第二种方法是知道了今天的天气以后，先用电子计算机算出明天的天气，然后让电子计算机歇一会儿，把记录下来的明天的天气再输入电子计算机，让电子计算机去计算后天的天气。洛伦兹发现，这两种方法得到的结果居然完全不一样。洛伦兹反复检查，电子计算机没坏，方法也没有不对的地方。这就很奇怪了。

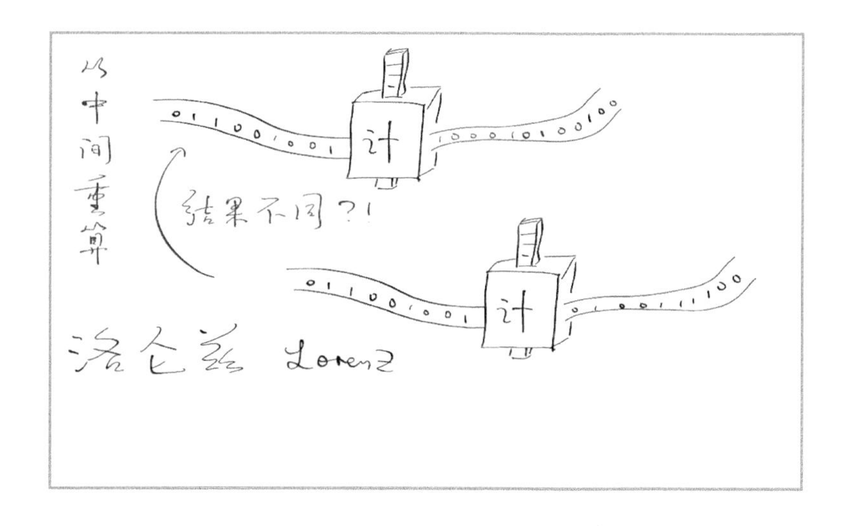

如果你是研究人员，遇见这么奇怪的问题时会怎么做呢？这个时候就能显出研究人员的水平。一般有下述 3 种研究人员，第一种是胡乱研究的人员，这种研究人员不管三七二十一，选一个比较像的方法拿去发表；第二种研究人员，因为时间、经费等各种各样的压力，会选一种看起来比较可靠的方法进行反复检查，直到确认这种方法应该是对的，而另一种方法就算了，不考虑了；而第三种真正的研究人员会做得更多一点，洛伦兹就是第三种，如果他只达到了第二种研究人员的标准，他就和重新发现混沌现象失之交臂了。

洛伦兹仔细研究，终于发现，从第一天直接去预测第三天，和从第一天算出第二天，再把第二天的结果输入电子计算机去算第三天，两者到底有什么区别。把第二天的结果输入电子计算机的时候，有效数字和电子计算机内部存储的有效数字是不一样的。比如说，电子计算机内部存储了 8 位有效数字，而输入电子计算机的只有 4 位有效数字。如果发现有效数字的位数不同就满足了，实际上是没有真正地做好第三种研究人员。洛伦兹看到有效数字不同，重新体会了庞加莱 70 年以前体会到的震惊。

如果这个系统是处于一个很有序的状态，输入 4 位有效数字的差别，也就是万分之一的误差，结果应该也是万分之一的误差，不应该完全不一样。但是洛伦兹看到的结果是完全不一样的，于是他得出了一个非常沮丧的结论：长期的天气预报是一件很没有希望的事情。

你的传感器总会有误差吧，你的电子计算机有效数字的位数总是有限的吧，误差会被指数放大，那怎么去做天气预报？当然了，天气预报问题涉及微分方程，超出了我们所讲的内容范畴，还是回到“兔崽子函数”的问题。

你可能会问，微分方程那么高大上的问题和“兔崽子函数”这种土里土气的问题，它们两个怎么能画等号？微分方程实际上是一个连续的迭代过程，而“兔崽子函数”是一个分立的迭代过程。“兔崽子函数”告诉你，第一天有多少兔子，第二天有多少兔子，第三天有多少兔子；微分方程告诉你，从第一天到第三天连续的第 1.01 天、1.02 天、1.03 天，一直是什么样的天气。这两者是一脉相承的，微分方程里看到的复杂性在“兔崽子函数”里也能看到。

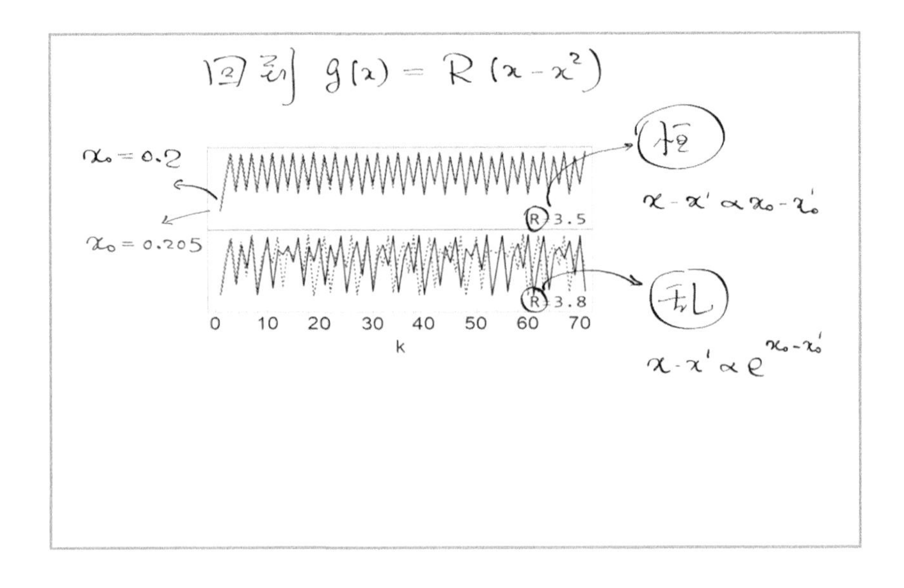

洛伦兹靠着自己的认真，做到了“君子慎始”——正经人应该谨慎地选择初始条件，也让物理学重新地认识了混沌这个现象。

混沌听起来很可怕，让我们没有办法预测一些事情。但是，混沌现象现在也有了很多应用，比如日本的一颗卫星已经发射上天，最后发现燃料不够用，达不到设定的轨道，怎么办？数学家想了一个办法——浑水摸鱼法，让卫星用有限的燃料进入一个运动比较混沌的区域，然后在运动混沌的区域借助混沌的力量，“嗖”，卫星就得到了一个更高的速度，最后达到了预定的轨道。

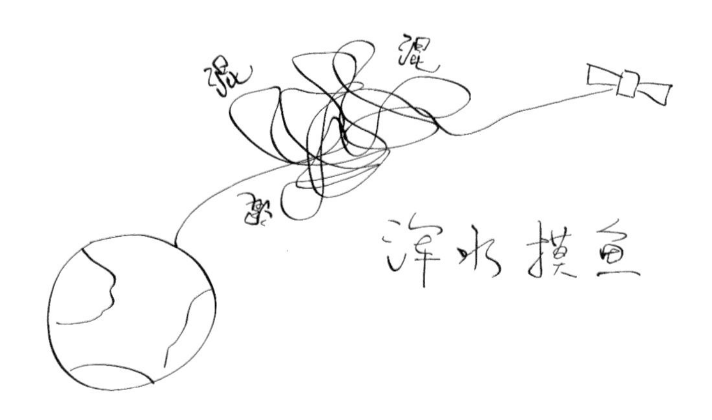

另外，混沌现象还深刻地改变了我们对物理学的很多认识，一个例子是拉普拉斯妖——物理系的四大神兽之一。拉普拉斯认为，有这样的一个妖魔，它有足够的计算能力，给它一个初始条件，就可以计算出整个宇宙的未来。但是，混沌现象使任何现实的拉普拉斯妖全都退散了。为什么？其实，不用等到第二个、第三个人认识到混沌现象，绝对意义上的拉普拉斯妖就已经破灭了。因为当时人们已经知道量子力学了，量子力学里有随机性，这个随机性告诉我们，我们没有办法精确地预测未来。但是，我们有没有可能可以近似地预测无穷远的未来？如果我们只对经典的世界感兴趣，在这个经典的世界，可以预测未来吗？

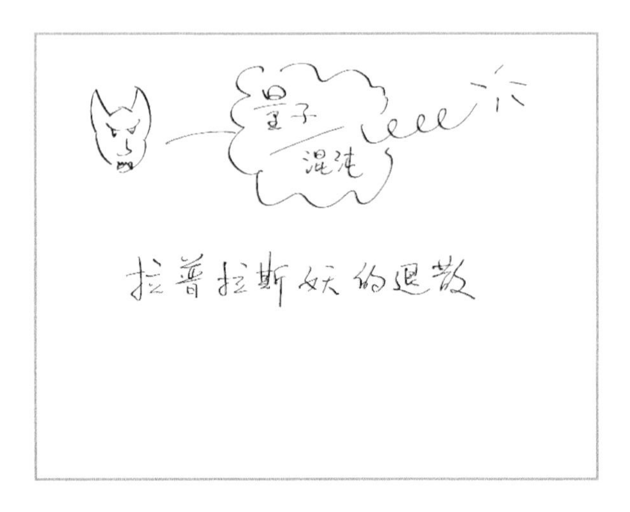

混沌现象告诉我们，这件事情同样做不到，因为量子世界给你的误差哪怕是一丁点，比如误差是 10^{-26}，它也会指数级放大，迅速达到经典的层次，也就是说，在经典的层次上，决定论也已经失效。老派物理学家心中的殿堂、心中的梦想——决定论在混沌的面前，最终完全地失效。

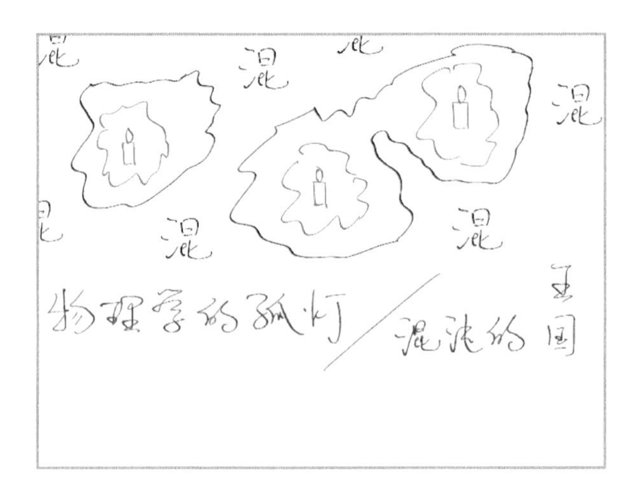

混沌现象对老派物理学家的打击还不仅于此。众所周知，牛顿把万有引力化成了一系列的微分方程，但人类解微分方程的能力是有限的，只有有限的微分方程有解析解，有太多的微分方程没有解析解，对于这些没有解析解的微分方程，怎么办呢？物理学家的做法是，点一些“孤灯”，这些“孤灯”就是有解析解的方程。一个物理系统有解析解，我知道怎样处理。在有解析解的系统周围，如果另一个系统的状态近似于这个有解析解的系统，只是有一点偏离，我们可以做微扰处理。但是，还有很多地方，做不了微扰。老派的物理学家认为，这些地方做不了微扰只是因为我们数学能力不足，它服从的物理规律还是我们已知的那些物理规律，所以不用担心。但是混沌的出现告诉我们，那些我们没有解析解的并且也没有办法去做微扰计算的区域，存在着大量的完全不同的物理规律，这些物理规律是由“混沌的王国”来表示的，在“混沌的王国”里，即使知道那些最基本的物理定律，我们也无法用那些物理定律，哪怕是定性地去推导。物理学的“孤灯”照不亮“混沌的王国”，“混沌的王国”需要新的混沌的规律，直到现在，我们对这些非线性的规律还知之甚少。

6.3 海岸线是无穷长的吗

有一个青年感觉人生苦闷，便去找一位禅师。青年问：“为什么我的人生如此曲折呢？”禅师说：“青年人，一段曲折的曲线，你把它放大了不就是直线了吗？”青年人默默地拿出一段英国的海岸线。

这位青年人还是非常苦闷，因为他搞不清楚英国的海岸线有多长，又跑去问禅师："禅师，英国的海岸线有多长？"禅师白了他一眼，说："青年人，你是不是对英国的海岸线存在偏见呢？"

如果你是那位青年，会不会感觉问错人了？其实这个禅师说的是对的，青年提出这个问题，反映出他对英国的海岸线真的存在偏见。因为英国的海岸线是一个自相似的结构，不光是英国的海岸线，所有的海岸线都是自相似的结构，即如果我们考虑海岸线当中的一段，并将其放大，放大以后的那一段看起来和原来的海岸线非常像。你再取一段去放大，放大之后的又和原先的海洋线非常像，这就是自相似结构，人们给它取了一个名字——分形结构。

英国海岸线是随机的自相似，比较难研究。为了研究分形结构，现在我们考虑一个简单的自相似结构，"希尔伯特曲线"。什么叫希尔伯特曲线？

首先，由下图中①开始，非常简单的三段式曲线；然后把其中的每一段，即每一个基本单元一分为二，用自相似的结构去取代，当然用自相似的结构取代之后，曲线就不连续了，中间有了一些没有连上的地方，我们人为地连上；不断重复以上操作，进行无穷多次，所得到的曲线就叫作希尔伯特曲线。

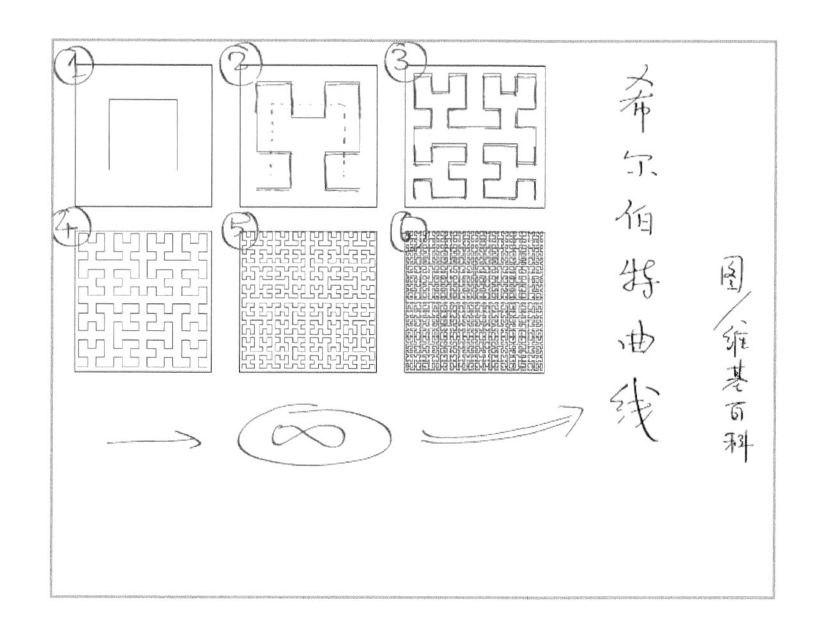

希尔伯特曲线有什么样的性质？这个曲线是一条充满空间的曲线，也就是说，可以证明，方框内的任何一点实际上都在希尔伯特曲线上。

现在问题来了，希尔伯特曲线是几维的曲线？你可能会说它是一维的，它是一条线，线就是一维的；或者说，你可以用一个参数表示它。但是，你也可以从另一个角度看，它把方块里的每一点都充满了，它应该是一个二维的图形。方块是二维的图形，方块中的每一点组成的集合应该也是二维的图形。

可见，这条曲线暴露了我们对空间图形维数的一些偏见。这条曲线到底是几维的呢？这取决于你如何定义一个图形的维数。

有一种定义方式叫作豪斯多夫维数。如果图形有基本的单元，那么当你把每一个基本单元一分为二，这个图形变成了几个自相似的结构呢？比如说一条线，你把基本单元一分为二，它变成了两个自相似的结构，它是一维的；一个方块，你把每一个基本单元都断开，它变成了 4 个自相似结构，即 2 的 2 次方，它是二维的。希尔伯特曲线看起来是不是非常像方块的自相似行为？所以说，希尔伯特曲线应该是二维的。

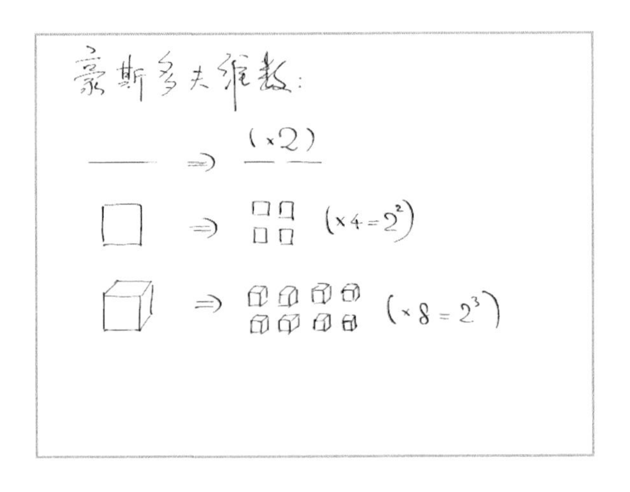

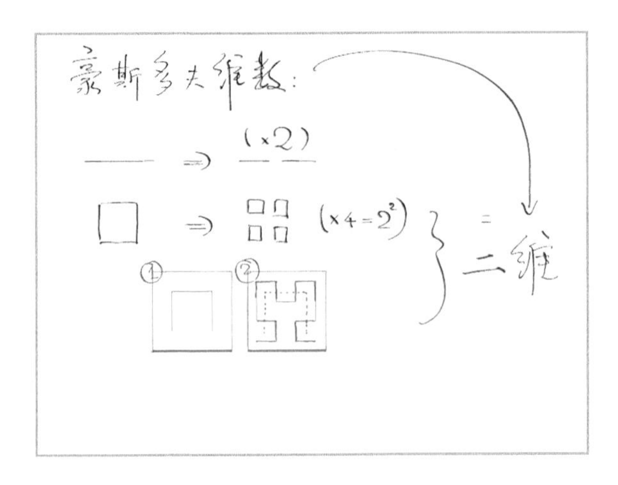

这只是形象的比喻，实际上，豪斯多夫维数在数学上可以被严格定义。你把每一个基本元素分成了几段，然后你这个图形变成了多少个自相似的元素，自相似元素的个数取对数除以分成的段数取对数，得到的结果就是几何图形的维数，即豪斯多夫维数。

豪斯多夫维数：

$$D=\frac{\log(\text{自相似部分个数})}{\log(\text{每段切成几段})}$$

那么，怎么保证维数是整数？谁告诉你维数必须是整数？不一定，维数也有可能是小数。比如，我们考虑一个例子——科赫雪花。

科赫雪花　—— ⇒ ⇒ ⇒ … ⇒ ∞

$$D=\frac{\log 4}{\log 3}\simeq 1.26$$

有一条直线段，把线段中间挖掉一块，也就是说，把基本单元一分为三；一分为三之后，给中间位置添加一个“包”。这样会变成什么呢？中间鼓个“包”以后，基本单元一分为三了，但是在其中插入了4个自相似的结构。以此类推，一直迭代无穷多次，就得到了科赫雪花。这种奇怪的形状叫作分形，所以豪斯多夫维数也经常被叫作分形维数。

科赫雪花的分形维数是多少呢？在计算之前，你可以想一想，这个东西基本上是一条线，所以它的分形维数应该跟1差不多。但是它里边鼓了包，大包套小包，所以它的分形维数应该比1多一点。

把每一个基本单元一分为三，结果得到了4个自相似的部分，也就是说，分形维数是log 4除以log 3，大约是1.26，比1要多一点。上文讲的希尔伯特曲线，它的分形维数是2。

下面回到长度的问题，“希尔伯特曲线有多长？”希尔伯特曲线的分形维数是二维，二维的一个图形。你问它有多长，是不是对它有偏见呢？希尔伯特曲线也好，科赫雪花也罢，你是不能问它的长度的。同样，你也不能问海岸线的长度。当你问海岸线有多长时，你是对这个海岸线有着偏见。当你用直尺去量的时候，会发现尺越短量出来的海岸线则越长，最后越量越长，直至无穷长。这个无穷长的荒谬结果，就是你对海岸线有偏见的代价。

不同地方海岸线的长度都是无穷长，但是它们的分形维数是不一样的。英国海岸线的分形维度是1.25，挪威是1.52，南非是1.05。看起来越曲折复杂的海岸线，其分形维度就越高。

海岸线：

英国 D=1.25

挪威 D=1.52

南非 D=1.05 …

那么，人是几维的生物呢？

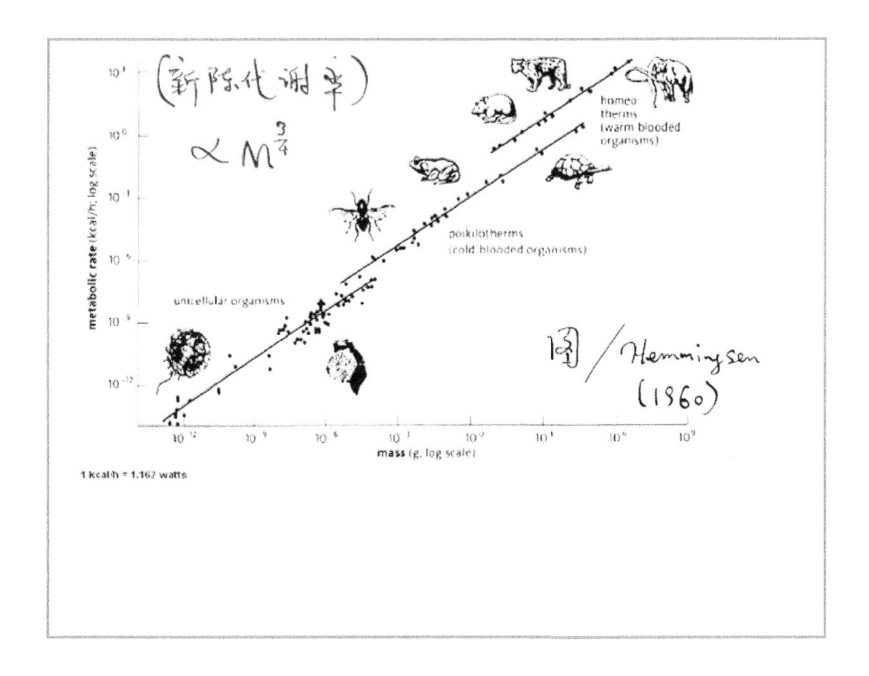

从豪斯多夫维数的角度来看，人并不是三维的生物，谈论人的体积也是对人存在一定的偏见。人体是多么复杂，人的血管、人的神经、人的淋巴等摆放在一个有限的体积内。20 世纪 60 年代，人们发现了一个很奇怪的现象。我们想知道不同动物（从小动物到大动物）的新陈代谢率应该服从什么样的规律呢？如果不仔细想，你第一感觉可能会认为新陈代谢率应该正比于细胞的数量。但是人们却发现，新陈代谢率大概是和质量的 3/4 次方成正比的。这件事很奇怪，出现了两个简单整数 4 和 3 的比例。这两个数是怎么得到的呢？你可能已经猜到了，这个 3 是空间的三维，这个 4 是人类的分形维数 4。可见，人虽然在三维空间中，但从某种意义上说，我们生活在四维中。

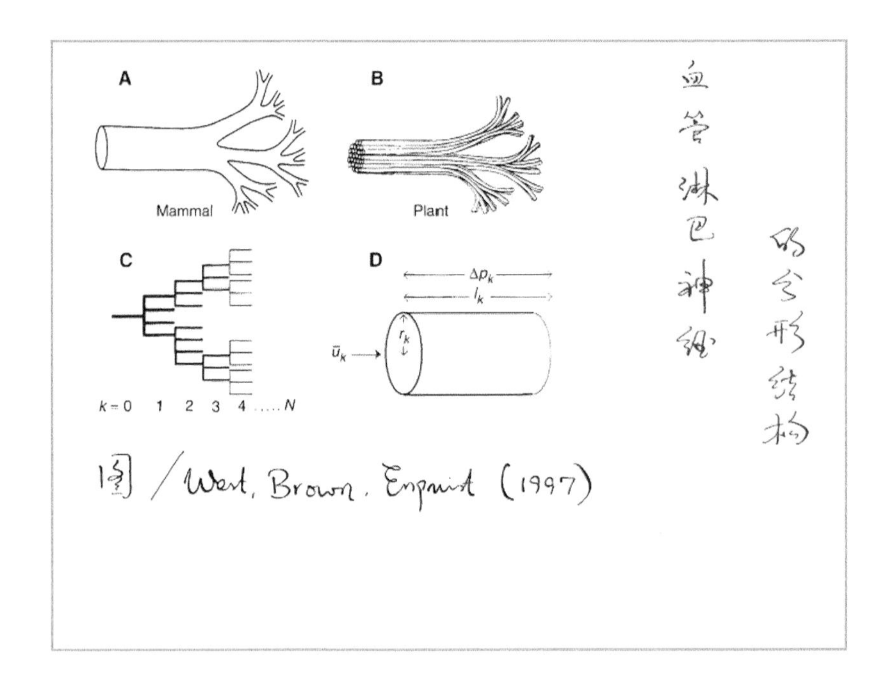

第七章 狭义相对论

7.1 钟变慢，尺缩短

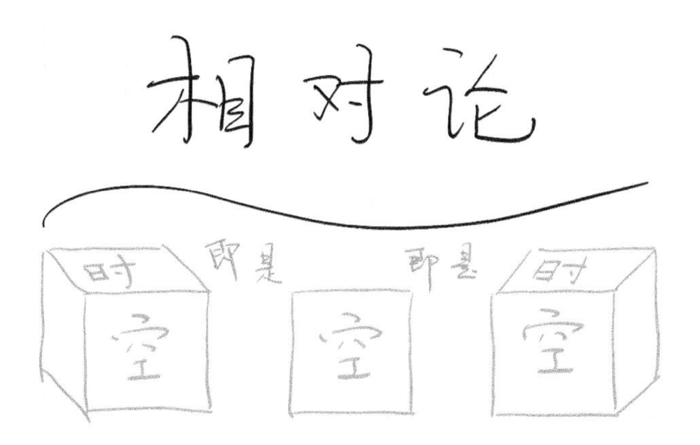

本章进入相对论的世界。狭义相对论基于两个基本假设，相对性原理和光速不变原理。

相对性原理是指：如果待在一个平稳的车厢里而不往外看，那么即使车在做匀速直线运动，你也感受不到车的运动。也就是说，运动是相对的，没有绝对运动，或者说，惯性系中物理定律的形式，是不会因为选择了不同的惯性系而变化的。这就是相对性原理。

光速不变原理是指：在真空中，光的速率是不变的，首先，需要在真空中，如果在介质中，光速有可能有变化；其次，速率不变而不是速度不变，即速度的大小是不变的。

这就是狭义相对论的两个基本假设。其实，狭义相对论里还隐藏着另一基本假设，只不过它太简单了，以至于我们认为根本没必要把它特意指出来，即在空间中的一个点、时间上的一个时刻发生的事件，这个事件的发生与否，不依赖于观测者，也就是侦探小说里经常说的——真相只有一个。

相对性原理、光速不变、真相只有一个，这 3 个基本假设支撑起了狭义相对论。下面来看一看，相对论里蕴含着什么神奇的现象。

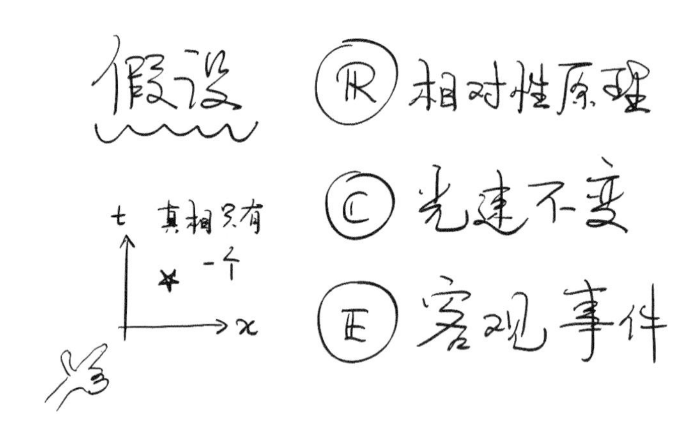

在此讨论的第一个问题是时间。牛顿说时间是绝对的，爱因斯坦就问，“时间是绝对的”这个观点到底对不对呢？

在《自然哲学的数学原理》中，牛顿写道："Absolute, true and mathematical time of itself, and from its own nature, flows equally without regard to anything external, and by another name is called duration." 译成中文是，时间是绝对的、真实的和数学的，它自己流淌，和任何其他事物没有关系，时间也叫作"间隔"。

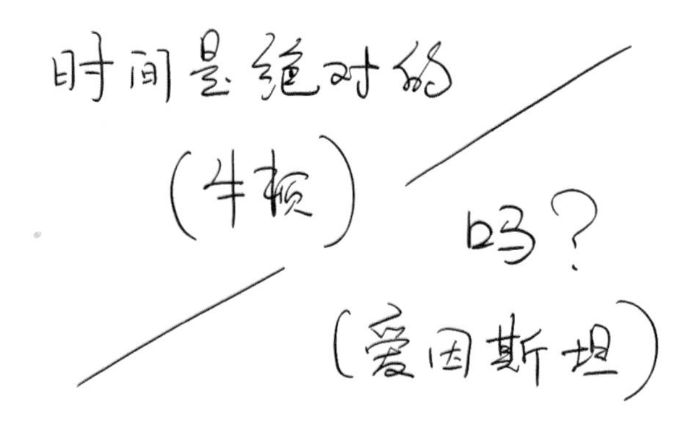

此外引用牛顿的话并不是想要嘲笑牛顿，说牛顿有多么不对，相反，当年的牛顿居然会去想这个问题是很不简单的。虽然出于时代的限制，他最后没有给出一个正确的答案。牛顿又写道："relative, apparent and common time is some sensible and external measure of duration by means of motion." 意思是，我们通常所说的时间是通过运动去对绝对时间的一种相对的测量。

被现代观念所武装起来的我们可能就觉得有点不对了，因为牛顿说绝对时间是可以被探测的，但又不能被影响。这个世界上存不存在任何的可以被探测又不能被影响的东西？大家恐怕想不出任何一个例子。牛顿自己就说，作用力等于反作用力，有作用力必然有反作用力，有探测必然会有一个相应的反作用。量子理论中的不确定性原理告诉我们，测量一个系统往往会对这个系统产生影响。牛顿的绝对时间为什么能这么卓尔不群、特立独行，可以被探测又不会被影响呢？

牛顿：绝对时间 可以被探测
不会被影响

可能吗？ 作用～反作用
不确定性原理
…

这个概念其实是有问题的。当然，我们这样绕来绕去，都是在哲学的范畴内坐而论道，如果想在物理学的范畴内质疑牛顿的绝对时间，需要构想出一个可以进行实际测量的方法。

钟：D

时间单位

$\Delta t = D/c$

2纳秒 = ⇒ ⇒

$= 2\Delta t$

我们希望能用一个操作足够简单，又方便我们思考的办法定义什么是时间。下面定义一个钟，最简单的钟，叫光钟。假设有这样的一个平面，这个平面的长度是 D，在平面底部装有一个发射器，可以把光发射上去，发射到上面以后，上面有一面镜子，再把光反射回来。我们把这样的装置叫光钟。对于这个光钟，从下到上的时间 $\Delta t = D/c$，这里的 c 是光速。我们可以规定时间单位（比如 1 纳秒）就是光从下到上的时间。这就是我们定义的光钟。

时间的相对性
——张三和赵四的相对论四步曲

现在我们利用光钟去研究时间的相对性。为了研究时间，我们引入两个人物张三和赵四。

第一步，定义时间 $\Delta t = D/c$。我们通过上述光钟来完成。

第二步，把光钟搬上赵四的车。赵四在车上，车做匀速直线运动。在这个情况下，对于赵四而言，他的时间 Δt_4 就是光钟的光从下边发出来，然后到达顶上的镜子这个过程所对应的时间。（Δt_4 中，这个 4 代表的就是赵四，下文的角标 3 则代表张三。）对于赵四而言，Δt_4 应该也是 D/c，即原来那个 Δt，因为相对性原理要求如此：赵四在车里，如果他不往外看，他不知道这个车在运动，所以说光钟在车里时，光从下到上花的时间，应该和光钟没有放到车里的时候，光从下到上花的时间一样多。

① 定义时间（光钟） $\Delta t = \frac{D}{c}$

② 光钟搬上赵四的车

对赵四而言 $\Delta t_4 = \frac{D}{c}$

v

相对性原理（R）

第三步，对于张三而言，光钟从下到上，然后再从上到下，这样一个循环要花多少时间呢？这是问题的关键。你可能会问一个问题：对于张三而言，光钟的高度还是 D 吗？怀疑一切的精神是非常可嘉的，但其实光钟的高度还是 D，也就是说，垂直于运动方向的线段的长度是不变的。为什么？我们用反证法。假如垂直于运动方向的长度会改变，那么我们设想一个例子，比如火车在铁轨上跑。假如垂直于运动方向的长度会变短，在火车上看，铁轨间距变短了，车轮就跑到铁轨外边去了。而如果在铁轨上看，垂直于运动方向，火车轮子之间的距离变短了，轮子就跑到铁轨的里边去了。但真相只有一个，火车上的人认为铁轨跑到里边去了，铁轨上的人认为轮子跑到里边去了，这就不对了，所以说垂直于运动方向的线段长度应该是不变的。

对于张三而言，光钟从下边跑到上边的时间间隔 Δt_3 变成什么了？为了解释这个问题，我们应注意到一点：光钟的光会打到上边的镜子这个物理事件是不变的。所以，光线现在必须斜着跑了。光发射出来，过了 Δt_3 的时间，光钟跑了车速 v 乘以 Δt_3 这么长的距离，光跑了 $c\Delta t_3$ 这么长的距离。我们下面要解的就是一个简单的勾股定理问题，大家读到这里的时候可以先停一下，自己对这个问题进行求解。

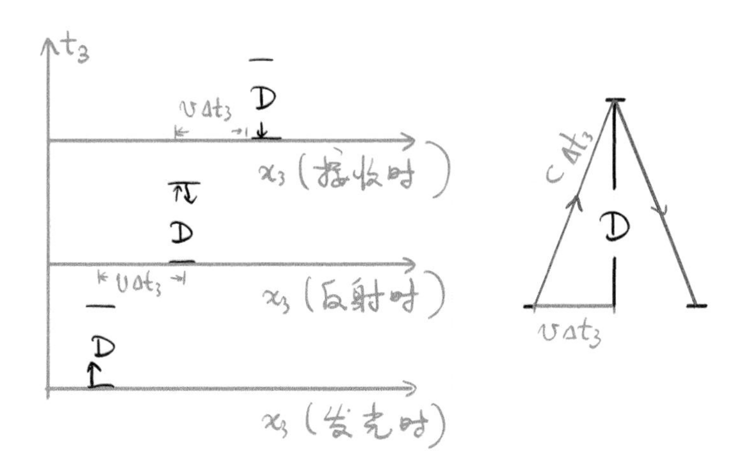

求解发现，Δt_3 等于一个根号算式乘以 D/c，见下图。而 D/c 就是赵四的时间间隔 Δt_4。而前边这个根号，我们给它设成一个量叫 γ。γ 是大于等于 1 的，如果车速 v 不等于 0，那么 γ 一直是大于 1 的一个数。也就是说，在张三看来，赵四的光钟变慢了。

$$(v\Delta t_3)^2 + D^2 = (c\Delta t_3)^2$$

$$\Delta t_3 = \frac{1}{\sqrt{1-\frac{v^2}{c^2}}}\frac{D}{c} = \gamma\Delta t_4$$

$$\Rightarrow \gamma \ (\gamma \geq 1)$$

说到这儿，读者有可能会质疑：是谁说你定义的这个光钟说得就对呢？有可能有别的钟，如果这个光钟变慢了，那么别的钟是变慢了还是不变呢？实际上，别的钟也必须和光钟一起变慢。为什么？如果车外的张三看见光钟变慢了，而别的钟没变慢。光钟变慢，别的钟没变慢，假如这是一个事实。这一点不光张三要同意，赵四也要同意。也就是说，赵四在车上，他没往外边看，当车运动的时候，光钟走的速度平白无故地就和别的钟不一样了，这可能吗？不可能，因为这将会违背相对性原理。

第四步，相对性原理告诉我们，不仅是光钟，一切的钟，任何你能想象到的钟——不论是你从商店买的钟，手机上显示的时间，还是你测脉搏时显示出来的时间，甚至人变老的速度，心跳的速度，一切能用于计时的钟在运动的时候，在外边的观测者看来，钟都变慢了。

① 定义时间（光钟） $\Delta t = \frac{D}{c}$

② 光钟搬上赵四的车 $\Delta t_4 = \frac{D}{c}$

③ 对张三而言：赵四的一纳秒光钟
相当于张三的 $\Delta t_3 = \gamma \Delta t_4$

④ 光钟变慢 ⇒ 一切钟变慢

强调一下，这里不是自己看来变慢了，自己看来一切如常，而是在外面的观测者看来，运动者携带的所有钟都变慢了。时间并不是绝对的，时间是相对的。

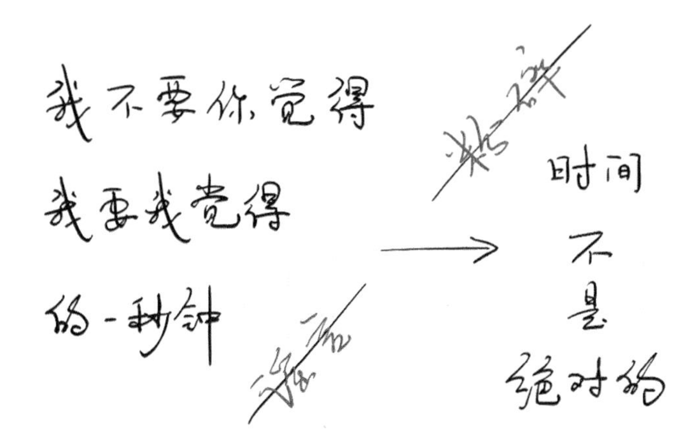

下面做一个小练习。假如有一个手雷，如果我不扔出去，把弦一拉，它需要 Δt 的时间爆炸。现在我把弦一拉，马上以非常快的速度 v 扔出去，那么手雷能跑多远?

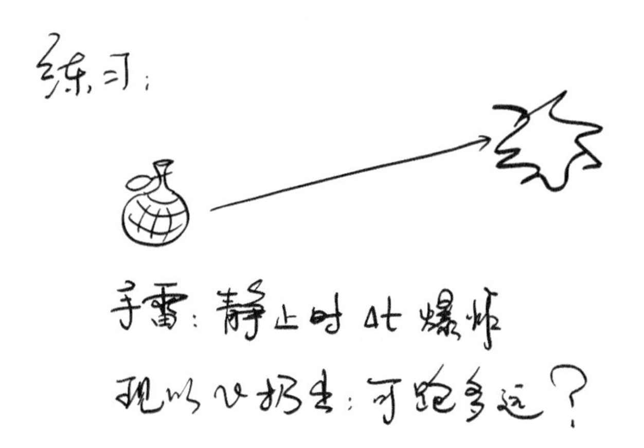

在我（外边不动的观测者）看来，运动的手雷的时间变慢了，它的速度是 v，它的时间是 γ 乘以 Δt，所以手雷可以跑的距离是 $\gamma v\Delta t$。如果我扔出去的手雷的速度接近光速，这个手雷可以跑近乎无穷远。越接近光速，手雷跑得越远，趋向于无穷远，这是相对论给我们的、非常不一样的一个效应。

换位思考，不从我自己的角度，而从手雷的角度想一想，会出现什么样的事情？从地面观测者看来，这个手雷是“延年益寿”了，但是从手雷自己的角度，它并不会观察到自己的时间变慢。它自己没有觉得时间变慢，但它怎么跑得更远了呢？这就涉及相对论里的另外一个效应，尺缩效应。

在手雷看来，大地是在运动的。大地运动的时候，大地会缩短，大地缩短的因子也是γ这个因子。手雷自己看自己，并不会觉得自己“延年益寿”，但是它看到大地“缩地成寸”了。也就是说，我们不仅能看到运动的钟变慢，也能看到运动的尺缩短。

7.2 天涯共此时吗

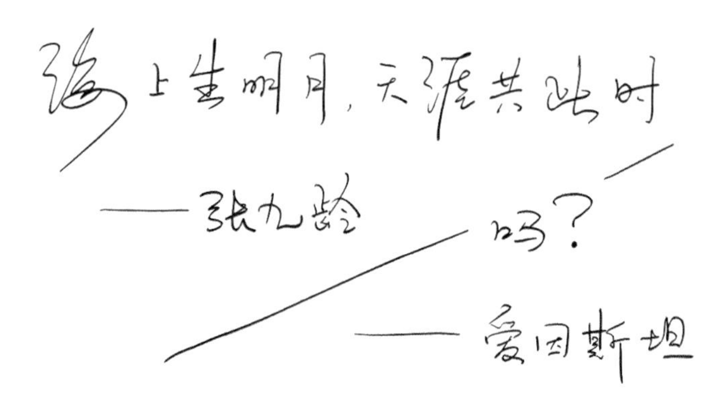

上一节介绍了时间和空间的相对性，本节来看一看相对论的时空观，即在狭义相对论里，我们如何建立时间和空间。

唐代诗人张九龄有一句名诗："海上生明月，天涯共此时"。天涯共此时的现象，在相对论里真的会发生吗？假设天涯一直共此时，张三和赵四共了零时、共了一时，即他们共了一个小时。如果张三和赵四一个静止、一个做匀速直线运动，他们还认为一小时的时间间隔是同样的时间，这就不对了。因为我们知道，时间间隔是相对的，赵四运动的时候，张三看到赵四的时间间隔变长了。所以，"天涯共此时"这句话肯定有问题，到底什么地方有问题呢？

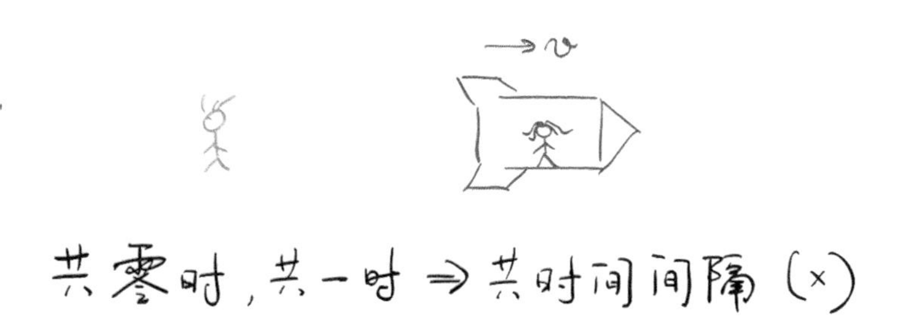

"天涯共此时"这句话对于同一个地点的情况会不会有问题？在同一个地点不会有问题，为什么？我们做一个理想实验，假如张三犯了法，做了一件人神共愤的事情，然后从天上"咔、咔"打下来两个闪电，这两个闪电同时打在张三的头顶上。不同的观测者对于这件事情的发生有没有争议？没有争议，因为这发生在很小的一个空间范围内，又是在很短的时间间隔内，所以这可以看成一个事件。一个事件发生与否，不同的观测者是没有争议的。

那么就只能是：在两个不同的地点，同时的概念有可能会出问题。在我们直观的想象中，即使地点不同，同时的概念也应该合理，但是爱因斯坦不这样想，爱因斯坦要从物理上去定义不同地点同时的概念。和上文一样，我们先随手“抓”过来一个定义，然后把它推广为对一切可能都适用的定义。

“同时”：① 定义不同地点的同时：

P Q

闪电同时 {击中P点 击中Q点} ⟺ 光同时到达中点

假如空间中有两个点 P 和 Q，怎么定义在 P 和 Q 这两点上发生的事件是同时的呢？比如，有两个闪电，一个打在了 P 点，另一个打在了 Q 点。闪电打到 P 点会发出闪光，闪光会传到线段的中点；闪电打到 Q 点也会发出闪光，闪光也会传到线段的中点。如果站在线段中点的赵四同时看到了 P 和 Q 发出的闪光，那就说闪电打到 P 点和打到 Q 点是同时的。这是同时的一个定义。

下面我们根据同时的这个定义，看一看两个观测者的运动状态不同的场景。和上一节考虑时间间隔一样，我们还是用 4 步推理的方法。

第一步，我们已经定义了同时性，把它画到一个图里。这个图叫时空图，横坐标代表的是空间，纵坐标代表的是时间，在时间上面我们乘了一个光速 c，这样一来，横纵坐标的单位就一样了，并且在 x 和 ct 的图上，光线运行的轨迹与坐标轴成 45°。

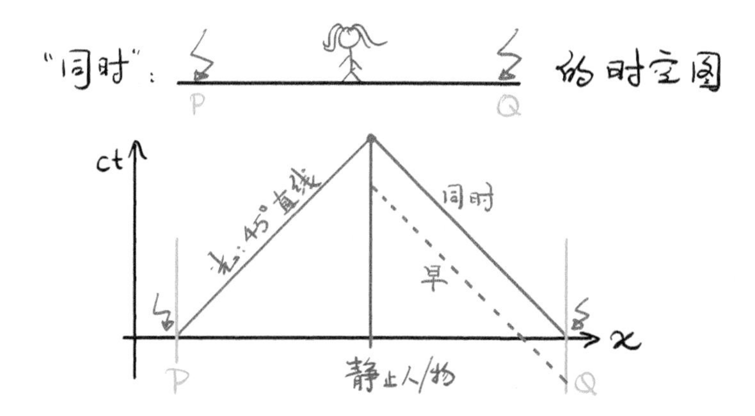

同时的概念，在时空图上画出来是什么样呢？在时空图上，闪电打到了 P 点，也打到了 Q 点，然后 P 点和 Q 点的光线，就向着中间的赵四传播。光线传播是沿着 45° 方向。如果这两束光线同时到达赵四，那就是说，前面闪电打到 P 点和打到 Q 点的时间也是相同的。如果不相同，会出现什么样的现象？如果这个闪电是先打到 Q 点的，会出现什么现象呢？光线从 Q 点传播到中间的赵四，就会早一些。

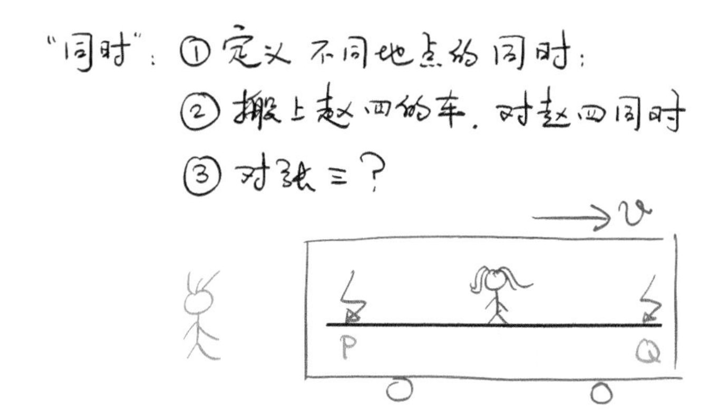

第二步，我们把同时的定义运用到做匀速直线运动的赵四的车上。根据运动的相对性，按照同时的定义，如果在地上看，闪电打到 P 和 Q 时是同时

的，那么在赵四的车上也是这样的。现在问题来了，对于张三，这两个闪电是同时打到 P 点和 Q 点的吗？为了回答这个问题，我们画张三的时空图。横坐标是张三的空间，纵坐标是光速乘以张三的时间。

这张图画出来是什么样？我们先画出赵四以及 P、Q 点的运动轨迹。赵四和 P 点、Q 点都在赵四的车上，做匀速直线运动。相对于张三，赵四运动的轨迹是一条斜线，如下图所示。P 点和 Q 点运动的轨迹也是一条斜线。

第三步，对于赵四而言，光线同时到达赵四意味着什么？我们把光线往回画，看光是什么时候发出来的。沿着 45° 的线向回追溯和 P、Q 的运动轨迹的交点，即闪电打到 P 点和打到 Q 点的时刻。这个闪电劈到 P 点的时刻，对张三而言，在张三的 ct_3 轴上，是不是比雷劈到 Q 点的时刻早一点？也就是说，两个点虽然相对于赵四是同时的，但是相对于张三不是同时的。P 点事情发生得早，闪电打到 P 点更早，而闪电打到 Q 点更晚。用我们前面的同时的定义，这个同时是相对的。

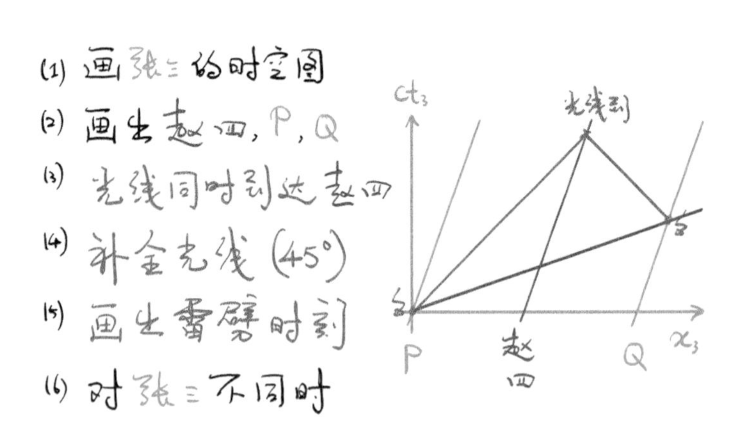

第四步和上文对钟变慢的分析一样。前面我们用了一种特殊的对同时的

定义，但对于所有可能的对同时的定义，只要这些对同时的定义在地面上的实验中是自洽的，那么搬到赵四的车上之后，所有的对同时的定义都会给出：相对于赵四是同时的事件，相对于张三并不是同时的。为什么？如果有一个实验告诉我们，有两个事件相对于张三和相对于赵四都是同时的，那么在赵四的车上看，这个实验结果和我们定义出来的两个雷打到 P 点和 Q 点的实验得到的结果就矛盾了，这就违背了相对性原理。

“同时”：① 定义 不同地点的同时；
② 搬上赵四的车，对赵四同时
③ 对张三？不同时！
④ 适用于所有的自洽定义

所以，前面看似随意的一个对同时的定义是普遍的，即同时的概念对于不同的点而言是相对的。

我们再考虑一个相关但稍有区别的问题：在张三的坐标系中，我们如何画出赵四的坐标系？什么叫赵四的坐标系？先看赵四的时间轴在哪里？赵四的时间轴就是赵四的空间坐标为常数所对应的线。赵四相对于他自己是不运动的，所以说赵四的时间轴就是赵四的空间坐标为常数时的线，即下图中 ct_4 这条线。再看赵四的空间轴在哪里？同样，赵四的空间轴是赵四的时间坐标为常数所对应的线。前面那两个闪电打到 P 点和 Q 点对赵四而言是同时的，把那两个点连起来就好了，即下图中 x_4 这条线。这么一看，时间轴和空间轴很不一样，空间轴是翘起来的，时间轴是趴下去的。

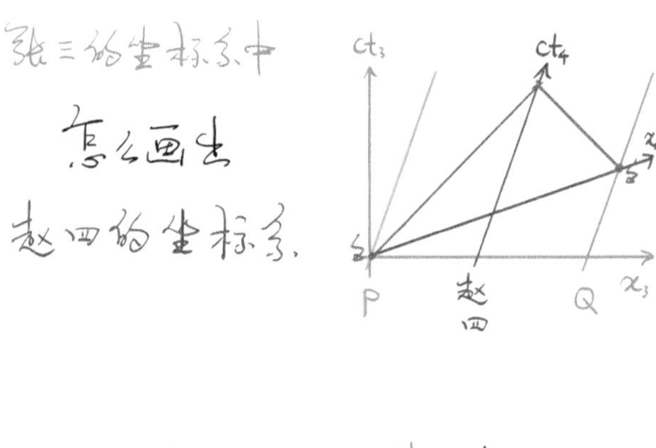

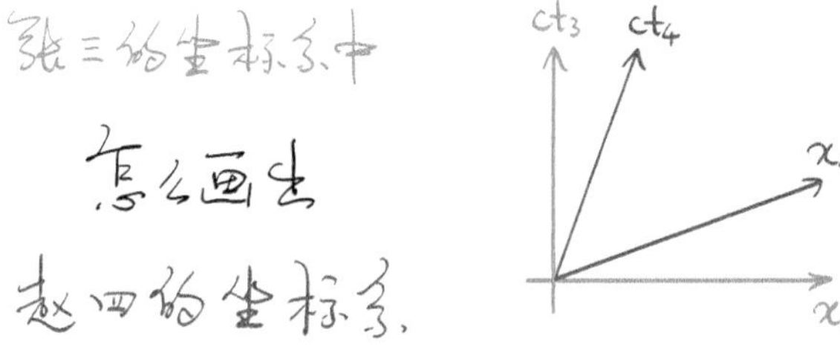

原则上，我们可以问这样一个问题：如果有一个点，我们知道它在赵四的参照系下的坐标 t_4 和 x_4，那么这个点在张三的参照系下，坐标 t_3 和 x_3 是多少呢？这个问题其实要经过一些计算才能回答，此处就先不回答了，但是它的答案就是著名的“洛伦兹变换”，这是非常有用的一个数学关系。

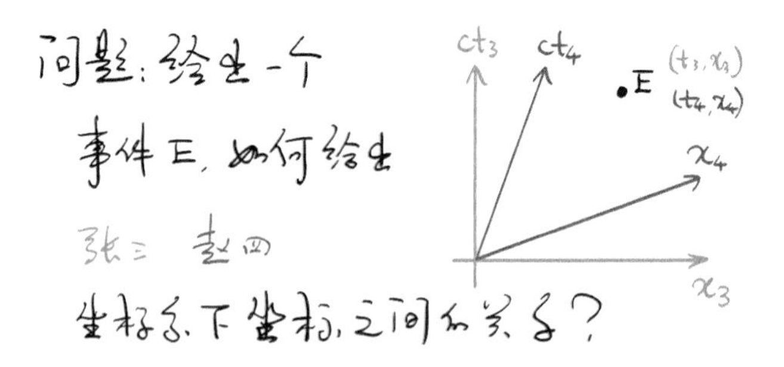

回到之前讨论过的双生子佯谬。前面我们讨论过，如果张三和赵四本来

一样大，同时出生，现在张三和赵四有相对运动。有相对运动之后，张三看赵四的时间变慢了。运动是相对的，所以说赵四看张三的时间也变慢了。到底是谁变慢了？我们可以说，他们看对方的时间都变慢了。都变慢了会不会有矛盾？他们在遇上的时候，一比较时间，会不会就露馅了？

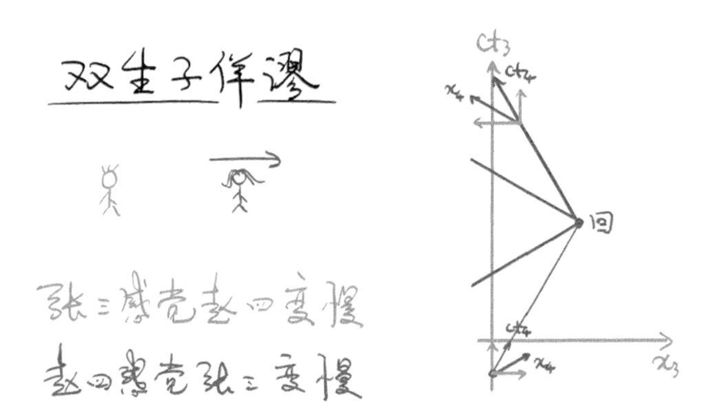

如果这两个观测者一直做匀速直线运动，他们最多碰见一次，出生的时候他们碰见一次，确定他们的年龄是一样的，然后他们就再也碰不上了。所以说，永远也不可能露馅。

如果赵四远离张三运动，但是运动到一定的时间，赵四忽然停住，然后再返回来，这时会出现什么样的现象？这样不就碰见两次了吗？当第二次碰见的时候，到底是张三的年龄更大，还是赵四的年龄更大呢？

这里可以给出两个答案，一个是鸵鸟型答案，另一个是更认真一点的答案。

鸵鸟型答案是，在张三看来，赵四在运动，所以赵四的时间变慢了，等赵四返回来的时候，相对而言赵四是更年轻的。因为张三一直是一个惯性观测者，他的运动状态没有改变，所以我们可以相信张三的结论。而赵四呢，在运动出去和运动回来的节点上，赵四必须要经历一个减速、加速的过程。

所以，赵四并不是一直在一个惯性系里，前面我们推导的钟慢的效应对赵四并不是一直成立的。两个人遇上之后，张三变得更老了，赵四的时间流逝更慢。

这个答案大家可能听得有点云里雾里，我是禁止大家从这种角度去解答的。我们思考一下，赵四会看到什么样的现象呢？赵四虽然经历了一个加速，但是我们可以通过张三去推测，在赵四的参考系下发生了什么样的现象。

在赵四远离张三的过程中，赵四的时间轴和空间轴分别是什么？我们看看下图中的时间轴和空间轴。这个空间轴就是相同时间的线。我们比较一下在赵四快要折返的那一刹那。折返前，赵四还是远离张三运动，空间轴是“赵四出发时的空间轴”；折返后，赵四向着张三运动，空间轴是“赵四返回时的空间轴”。所以对赵四而言，其参考系中表示时间相等的线突然出现了变化。这个巨大的变化使得赵四的参照系中的时间突然有了一个巨大的差别。在赵四的参考系中，张三突然变老，瞬间白头。

当然，参照系中的时间和图像光线传到赵四眼睛里的时间相比还有个延迟。这个延迟会使张三的变老没有那么突然。如果大家有兴趣，可以在时空图中画一画赵四眼睛看到的、张三变老的过程。

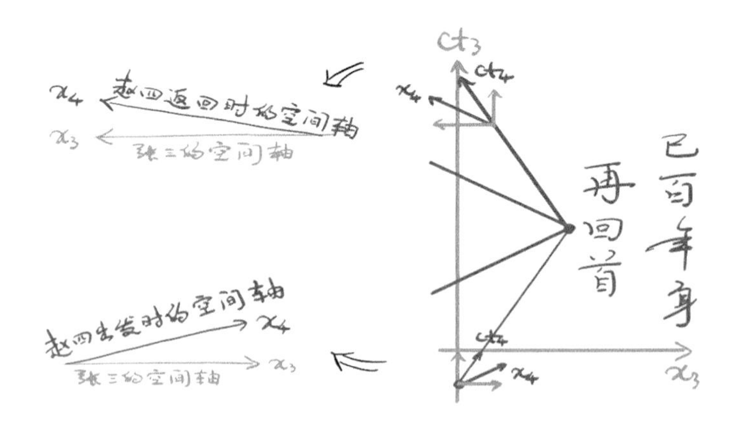

在双生子佯谬中，回头这一点非常重要，“再回头已百年身”，“红颜弹指老，刹那芳华”，给人的感觉很悲凉。相对论告诉你，时间旅行是可能的，你想到多远就可以跑到多远。但是，当你回头的时候，你认识的所有人都已经不在了，都已经不在你的参照系里。他们都已经过了成百上千，甚至上万上亿年，灰飞烟灭了。所以，宇宙的时间旅行、空间旅行在相对论里虽然可能，但结果可能并不是我们最初想要的。

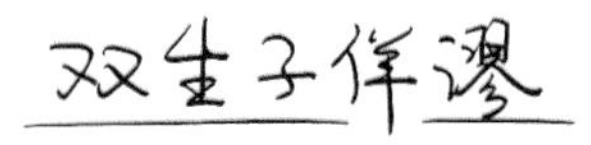

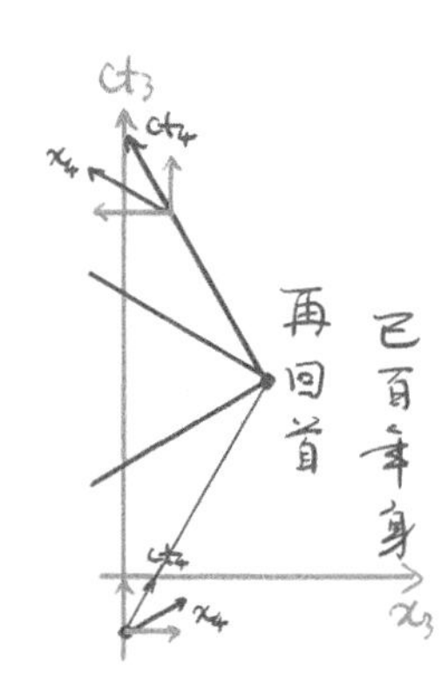

7.3 时、空是一回事吗

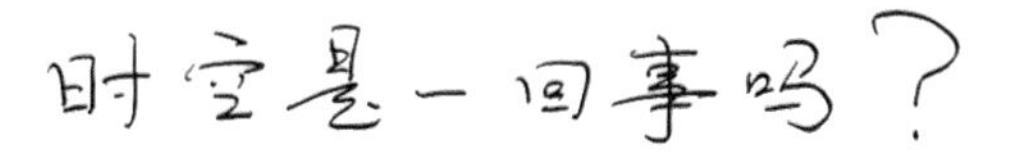

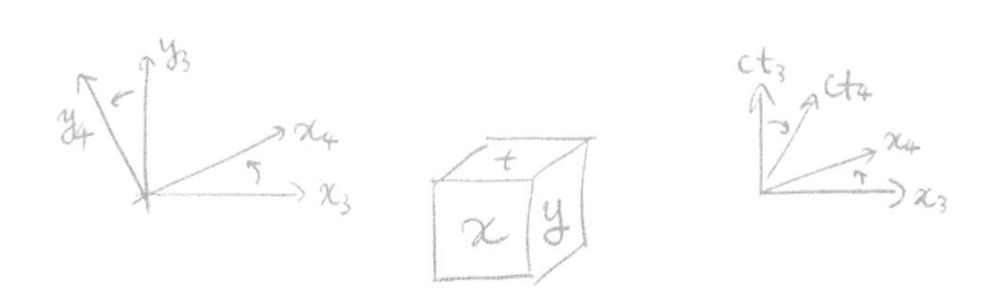

相对论里经常讲“时空”，那么时间和空间是一回事吗？

先问一个简单的问题：“前面和上面是一回事吗？”你可能回答：“那就是一回事啊！”果真如此的话，你咋不上天呢？你可以朝前跑，但你可以朝上跑吗？所以说，前面和上面有联系，也有区别。造成这个区别的原因是地球引力，引力使得前面和上面有了一定的区别。

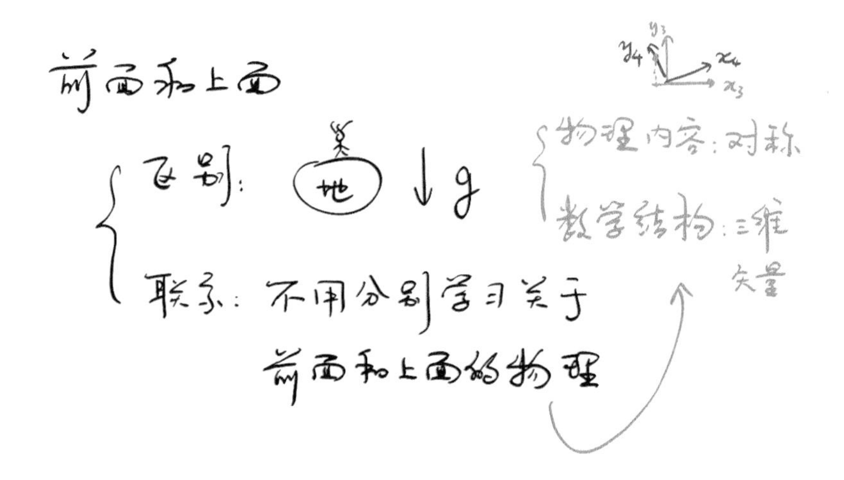

但是，我们在学物理或任何一门科学的时候，没有必要把前面的科学和上面的科学分别学一遍，只要学一套科学理论就行了，因为物理定律是旋转对称的。比如，赵四的空间参照系相对于张三的参照系旋转了一个角度，赵四参照系下 y 轴上的一个点，其 x 是 0，但投影到张三参照系上，x 就不等于 0 了。也就是说，在张三和赵四的参照系之间，x 和 y，即前面和上面，是可以相互转化的。我们在张三的参照系下，学习了物理规律之后，就没必要对于赵四参照系的情况再学习一遍了。所以说，前面和上面有联系。

这种联系对应着一个数学结构——三维矢量，如果把物理定律或者其他定律用三维矢量的形式写出来，你不用对前边写一份，对上边再写一份，你写出来的是统一的定律。

因此，再被问及“前面和上面是一回事儿吗？”时，你可能说是一回事，也可能说不是一回事，这只是因为你心目中“一回事”的概念或者标准不一样。相信大家都明白，前面和上面在什么意义上是一回事，在什么意义上不是一回事。

那么时间和空间呢？时间和空间是一回事吗？同理，它们有联系、有区别。

时间和空间的联系。我们没有必要分别学习关于时间和关于空间的物理。从物理内容上讲，时间和空间是对称的，可以通过一些对称变换联系起来。比如，在赵四的参照系下，对于赵四而言，空间坐标等于 0、纯粹是时间的一条线，投影到张三的参照系上，空间的坐标就可以不等于 0 了。时间和空间对不同运动状态的观测者而言，是可以互相变换的，是对称的。

用数学结构来描述，这对应四维矢量。它是三维矢量的推广，在此不详述。

时间和空间的联系：

不用分别学习关于时、空的物理

物理内容：对称

数学结构：四维矢量

ct_3　ct_4　x_4　x_3

你的时间

我的空间

时间和空间在物理上可以相互变换，这和前面我们讲的前面和上面的联系还有一点不同：你不能把一个人的时间完全地变成另一个人的空间，只能一定意义上产生一点空间的分量而已。

时间和空间的区别。时间和空间当然是有区别的。它们的区别是从哪来的呢?

据说有一种鲨鱼，从生下来就必须不停地游泳，一刻不得停息！因为这种鲨鱼没有鱼鳔，停下来也就沉下去了；更重要的是，这种鲨鱼只有鳃裂，只有在游动中，水迎面而来，它才能呼吸。要活下去，就必须不停运动，这是这种鲨鱼在三维空间中的宿命。

我们在四维的时空中有同样的宿命。即使在三维空间中没有运动，从四维的时空图中看，我们仍然一直在运动：沿着时间轴运动。我们没有选择，必须沿着时间轴运动。如果我们在空间中有运动，这只不过是把时间轴上的运动分到空间上一部分而已，这也是“钟慢尺缩”效应的来源。时间和空间的本质区别就是：我们没有选择，必须要沿着时间轴运动，或者说沿着时空图里斜率大于 45° 的线运动。

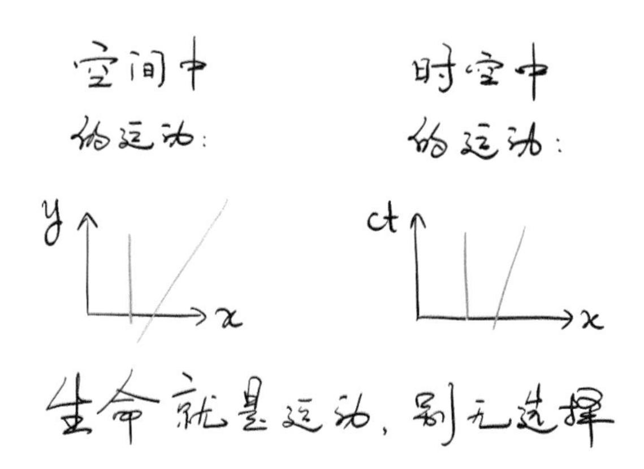

可见，我们是“生命不息，运动不止”的。如果你在家宅着，有人劝你出去运动运动，这时你可以告诉他：“我现在就在运动，我正在时间轴上运动，并且运动的速度是光速。”

当然，这只是体现出来的现象，还并不是时间和空间的本质区别。要了解时间、空间区别的本质，就要使用更多的数学工具，这里我们就不展开介绍了。简单来说，即时间本质上相当于 i 空间，i 是虚数单位，也就是说，从很多意义上来讲，时间和空间差一个虚数单位。

时间 × 光速

$\simeq$ i 空间

再回到空间的相似性，前面我们讲到空间是有相似性的，上面和前面这两个概念基本上是一样的。但在读到“太行、王屋二山，方七百里，高万仞”

这句话时，你是否有疑问，前面和上面不是两个基本相同的概念吗？为什么用“里”和“仞”这两个不同的单位？

我们知道，爬山是比较困难的，所以山的高度在古代经常用一个特殊的单位“仞”来形容，但是如果你做物理研究，对于前面和上面取不同的单位，不是自找无趣嘛？我们用一个同样的单位就好了。

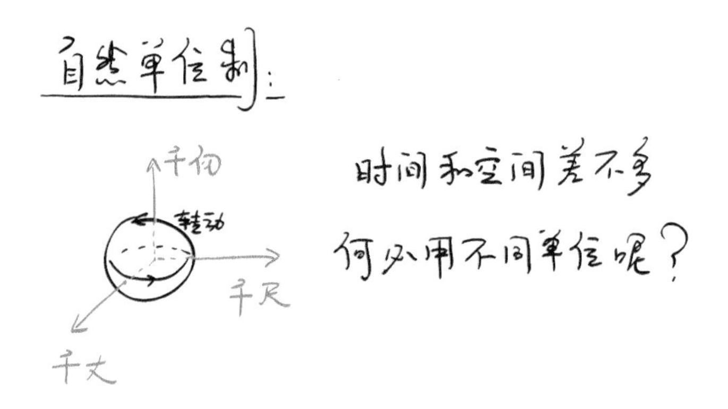

同样，现在我们发现时间和空间也有很紧密的联系，它们在一定程度上也是类似的，甚至可以说，它们在一定意义上是同一个概念，那何必用不同的单位呢？确实，在研究基础物理的时候，我们经常把时间和空间取成同样的单位，具体的操作就是，把光速 c 取成 1。这样我们就可以用光秒（光走一秒的距离）去衡量长度。

在量子力学中，我们已经知道，一个光量子的能量和频率之间有一个关系。能量和频率的联系告诉我们，我们可以取约化普朗克常数 $\hbar$ 等于 1。在统计物理中，我们知道能量和温度又有一个关系，那么我们又可以取玻尔兹曼常数 k_B 等于 1。

自然单位制：

时间和空间差不多 $\Rightarrow \quad c=1$

$E=h\nu=2\pi\hbar\nu \quad \Rightarrow \quad \hbar=1$

$E=\frac{1}{2}k_B T \quad \Rightarrow \quad k_B=1$

c=1，$\hbar$=1，k_B=1，这就是自然单位制。在研究基础物理时，自然单位制通常会为我们带来便利。

有人要更进一步研究“超自然单位制”。什么叫超自然单位制？把 π 也写成 1，把 2 也写成 1……这样是不是什么数字都不用算了？超自然单位制其实是一句笑话，但实际上，所谓的超自然单位制这种思想是非常重要的。

超自然单位制：

$\pi=2=1$

这种思想就是量纲分析，即，不在乎前边的 π、2 这样的系数，在乎的是它们的量纲。有了量纲分析的思想，你就可以很快地去估算一些物理量的大小。比如说，美国第一颗原子弹爆炸的时候，就有一位物理学家利用量纲分析的方法，通过新闻报纸上的图片估算出了原子弹爆炸的当量。美国国家安全部门当时非常紧张，以为他是个间谍，偷盗了不为人知的情报，实际上他只是通过报纸上的图片和简单的量纲分析估算出了一个结果。

7.4 时光能倒流吗

在穿越小说里，人能回到过去，我们可以用现代人的知识去弥补历史中的遗憾。但是，在物理学中，这样的事情能成立吗？如果不能，为什么不能？在相对论中，时间已经变成相对的了，那么时间的顺序有没有可能被打乱？有没有可能回到过去，改变过去？

时间是没有办法倒流的。假如张三的时间可以倒流，他回到了过去，拆散了他的爸爸和妈妈。如果这样的事真的发生了，张三又是哪来的呢？如果允许时间倒流，世界上就会出现各种奇奇怪怪的悖论。

当然了，如果在狭义相对论中，时间在变成相对的以后，可以允许发生倒流，那么狭义相对论也就变成了一个不太自洽的理论。实际上，狭义相对

论内在的理论结构是禁止时间倒流的。

再介绍一个概念：真空中的光速是速度的极限。运动的物体不可能从运动速度小于光速加速到光速，然后又加速到超光速。有一个相对论能量公式，它告诉我们一个有质量的物体，当运动起来时，其拥有的能量是 $mc^2/\sqrt{1-v^2/c^2}$。这个公式大家可能不熟悉，但是如果速度很小，我们做一个近似，这个公式的第一项就是著名的 $E = mc^2$，第二项就是我们熟悉的动能 $1/2\ mv^2$，还有很多其他的项。

光速是速度的极限

物理：$E = \frac{mc^2}{\sqrt{1-v^2/c^2}}$

数学：$v = v_1 + v_2$ (×)

$\operatorname{arctanh}\frac{v}{c} = \operatorname{arctanh}\frac{v_1}{c} + \operatorname{arctanh}\frac{v_2}{c}$ (√)

这个能量公式告诉我们，如果我们把一个物体加速到非常接近光速，那么这个物体就拥有了极大的能量。物体的速度越接近光速，物体的能量越大，直至无穷大。能量是守恒的，那这些能量是哪来的？是你花费的能量。而你能花费出的能量是有限的，所以说，你只能让物体任意地去接近光速，但永远也不能达到光速，更不能超过光速。从数学上，这对应着一个很有意思的数学结构。在牛顿力学里，速度是可以简单叠加的，$v = v_1+v_2$。你在车上扔出一个球，那么在地上的人看来，其速度等于车的速度加上球的速度。但是在相对论里，速度叠加的公式是不一样的。我们通常看到的 $v = v_1+v_2$ 只是相对论里速度很低时的状态下的近似而已。在相对论里，速度叠加是一个双曲反正切公式，如上图最后一个公式所示，*arctanh*(*v*/*c*) 这个量叫快度，当速度等于光速的时候，快度是无穷大的，没有办法变得更大了，所以没有办法超过光速，光速是速度的极限。

知道了这一点，我们画一个时空图，就会发现我们没有办法回到过去。起码在狭义相对论的框架下，我们没有办法回到过去。我们再考虑张三，他的运动轨迹是什么呢？它的运动轨迹在时空图里是一条斜率一直大于 45° 的线。如果不运动，那就是一条竖线；如果运动，再运动他也逃不出“如来佛的手心”——光锥，即再运动，它的速度也没有办法比光速快。只要没有办法比光速快，他就不可能逃出光为他设定的限制，他不可能跑到他的过去。

比如说，张三现在处于下图中这样一个时空点，从他这个点射向未来的光，为他设定了一个他所能达到的、也就是他所能改变的这样的时空的一个集合，这样的集合叫作“未来光锥”。从过去发现他的光，为他设定了一个以前的、可以改变他的任何事件的集合，这样的集合叫作“过去光锥”。

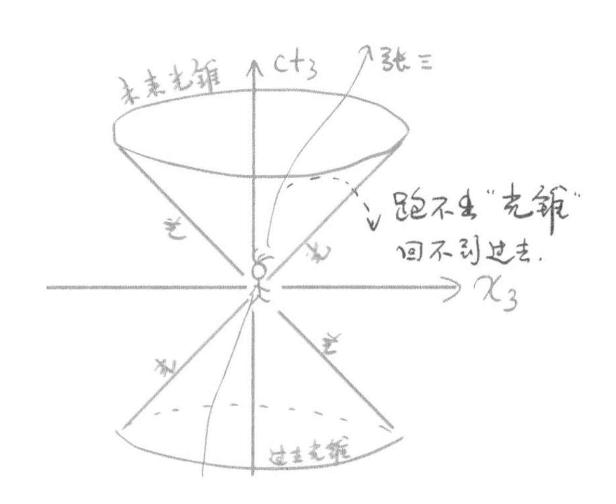

教育家、思想家张载曾经说过："为天地立心，为生民立命，为往圣继绝学，为万世开太平。"那么，能继的绝学都在哪里呢？能继的绝学都在过去光锥当中，因为这是可以影响一个人的所有的事情的集合。而为万世开太平，能开的太平在哪里呢？都处于未来光锥，因为这是能影响到的所有事情的集合。你没有办法跑出未来光锥，更没有办法回到过去光锥当中。

第八章
广义相对论

8.1　等效原理：引力是幻觉吗

在狭义相对论中，信息的传播速度不能超过光速。大家可能会提出一个问题：假如张三和赵四相距一光年，两人之间有一个杆，张三抓着杆的一端，赵四抓着杆的另一端，两人是不是可以通过推拉这个杆来传递信息？

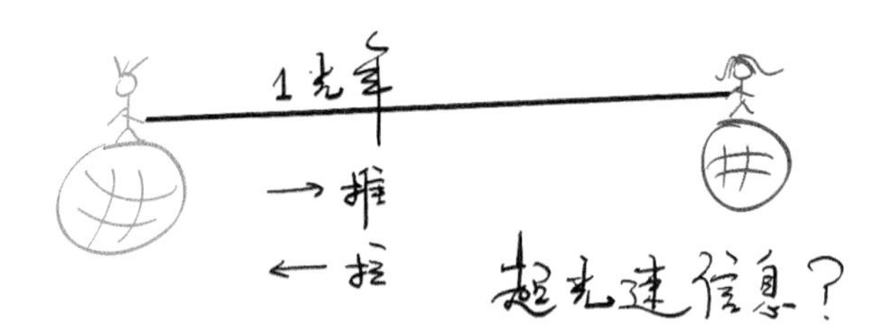

这个问题在网络上被问过无数遍，而且张三和赵四之间的工具那也是刀、

枪、剑、戟、斧、钺、钩、叉、镗、棍、槊、棒、鞭、锏、锤、抓、拐子、流星，十八般兵器，样样都被问到了。那么，这个问题是不是推翻了相对论？

其实并没有，为什么？张三推这个杆会发生什么现象？杆离张三近的这一端，密度会变大。密度变大的改变在杆上的传播速度不会达到光速，更不会超过光速。对于一光年的杆，需要一年以上的时间，杆上的推拉变化才能传到赵四。

不用十八般兵刃，我们还有一样“兵器”——拳头。张三挥一挥拳头，赵四那边会有什么影响？假如牛顿的万有引力定律是对的，那么张三挥一挥拳头，在赵四那边，引力的方向甚至大小立刻就会产生一点变化。为什么？张三的拳头有一个质量，不管这个质量有多大，总之是有一个质量。这个质量在赵四这边就会产生一个引力。根据牛顿的万有引力公式，拳头的位置不同，马上就会在赵四那边反映出引力的不同。

当然，这个变化非常小，但是假设在理想情况下，赵四测量引力变化时可以测得无穷精确，通过张三挥动拳头，赵四瞬间就可以得到张三的信息。这是不是推翻相对论了？

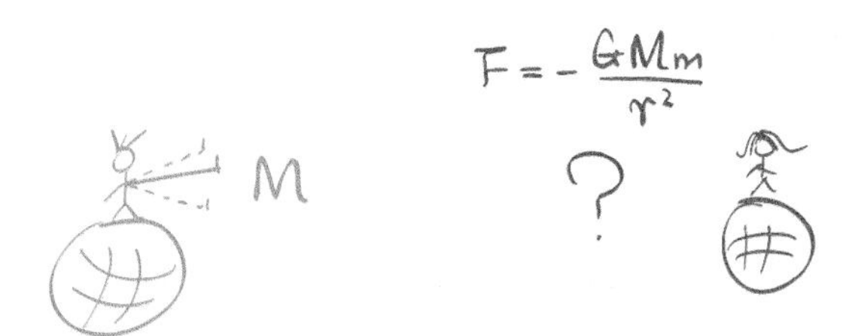

如果你认为牛顿的万有引力公式是成立的，那么这还真就推翻狭义相对论了。也就是说，狭义相对论和牛顿的万有引力公式是矛盾的。怎么办？

爱因斯坦被这个问题困扰了很久。我小时候读过一本《爱因斯坦传》。这个版本的《爱因斯坦传》里有很多比较荒诞的故事，其中一个故事是：

爱因斯坦和居里夫人去登阿尔卑斯山。他们到了山顶，这时爱因斯坦俯视着从山顶向下走的缆车，忽然心里想象到了一个图景：如果缆车的线断了，缆车车厢忽然从半山腰就掉下来了，这样一来，会发生什么样的事情？有感而发，爱因斯坦马上拉住了居里夫人的手，说："我找到了，我终于找到了。"还没等居里夫人惊呼出来，爱因斯坦就说："我终于找到了引力的秘密。"

后来我又读了好多关于爱因斯坦的传记，那些书中都没有这么荒诞的记载。但小时候的我偏偏看到了这样一本书，并且我选择研究物理，可能在很大程度上也是受了这本书的影响。当然了，受这本书的影响并不是说想去抓哪一个女科学家的手，而是这本书里还有很多其他的荒诞故事。

但是无论如何，坠落的缆车也好，坠落的电梯也好，爱因斯坦确实想到过这样一个图景。想到这个图景时，他无比激动，感觉找到了引力的奥秘。

爱因斯坦想的是，一个人在缆车里自由下落的时候，他能不能感受到引力？这种状态下是感受不到引力的，也就是说，他处于失重的状态。当然，大家理论上想一想就行了，不要真的去自由下落，因为最后你落到地上的时候，终究是要感觉到冲量定理的。

自由下落的时候，加速度的效应和引力的效应可以抵消，爱因斯坦从这一点出发，并进一步去想：一、一个电梯放在地上不动；二、电梯在宇宙空间之中，周围没有地球也不受引力，但是电梯在向相反的方向加速，这两种情况也是完全等价的。

换一种想法，引力可以用与引力方向相反的加速度完全地模拟出来。这个思想的提出最早并不是爱因斯坦，伽利略就曾经这样想过。据说，伽利略做了一个比萨斜塔实验，把一个大铁球和一个小铁球从比萨斜塔上扔下来（据说这一段其实也是编的，但是无论如何，伽利略想过这个问题）。不仅如此，伽利略还想过，如果材料不同会怎么样：如果是一个大铁球和一个大铜球一起扔下来，也应该同时落地。这就是等效原理的雏形。

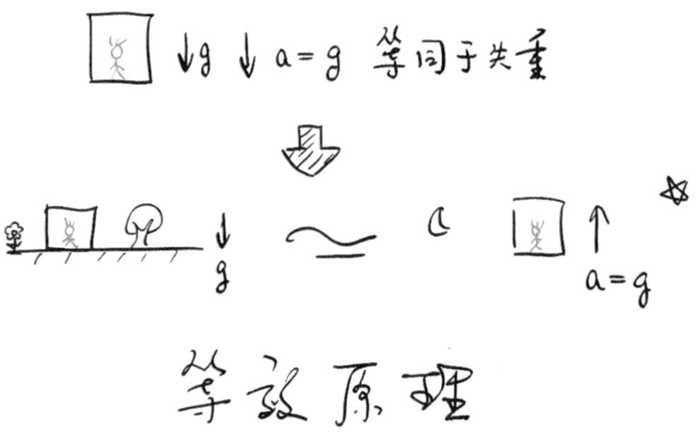

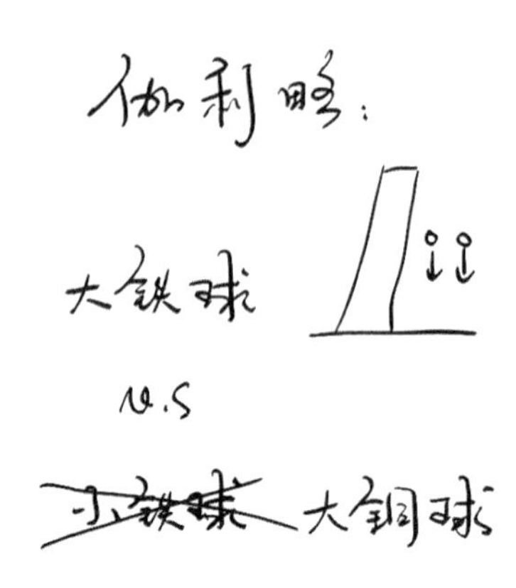

牛顿把伽利略的理论进行了数学化，牛顿第二定律指出：力和加速度之间的比值是质量。这个质量叫作惯性质量。万有引力定律指出：力和物体的质量成正比，我的质量大一点，我受到的地球引力就多一点，这个质量叫作引力质量。从表面上看，惯性质量和引力质量是不是看起来没什么关系？一个是说物体改变运动状态的难易程度，这个是惯性质量；另一个是说物体受到引力的大小和物体的一个性质有关，这叫引力质量。它们俩之间看起来有关系吗？没有关系。

但是，牛顿发现这两个量是相等的，或者至少这两个量是成正比的，这个比例系数可以给它调成等于 1。这个发现令牛顿感觉到非常不可思议。牛顿用各种各样的材料去做实验，比如金、木、水、土，就差没用火；还用了银、盐、玻璃、羽毛等东西，发现惯性质量等于引力质量的规律对这些东西都是成立的。

牛顿：$F=ma$　$F=-\frac{GMm}{r^2}$

惯性质量 = 引力质量

对金、木、水、土、银、盐、玻璃、羽毛等都成立的实验法则！

牛顿上哪儿找的这些奇奇怪怪的东西做实验呢？有人说是因为牛顿在研究炼金术，他想把这些东西都炼成金子。后来他失败了，没有把这些东西炼成金子，但是至少证明了这些东西在一定程度上和金子是等效的——在惯性质量等于引力质量的程度上，和金子是等效的。

爱因斯坦虽然没有发明这个原理，但是他看到了等效原理背后所蕴含的深刻的物理意义。首先，等效原理告诉我们，引力的效果可以由一个反向的加速度的效果完全地模拟出来。有一个所谓的奥卡姆剃刀原理，就是“如非必要，勿增实体”，如果说引力和加速是一回事，为何还要两个概念？或者说引力——现在严格来讲是均匀的引力，和加速，只需一个就好了。加速这个概念体现了运动时空的本性，看起来比较基本，我们就选加速这个概念。

这样一来，我们可以抛弃均匀的引力这个概念，或者说引力这个概念只是我们的一个幻觉而已。这就解决了前面说的牛顿引力超距作用这个问题。怎么解决的？你不是用引力反对我的相对论吗？现在连引力这个事儿都没有了，你还用什么来反对相对论？所以说，等效原理是爱因斯坦解决牛顿引力和狭义相对论的矛盾的一个突破口。

g a=g

等效原理 ⇒ 基本假设(1907)

爱因斯坦：(均匀)引力 = 加速

所以没有引力，你还拿啥做相对论？

当然，这是一个简化的描述，从这个突破口开始，还有很多其他的事情，尤其是空间弯曲的事情。这些下文再讲。有了这样一个突破口后，爱因斯坦找到了可以努力的方向。等效原理虽然只是广义相对论走的一小步，是一个突破口，但是有了等效原理后，我们立刻就可以理解一些现象。比如，光线在均匀的引力场之中会偏折吗?

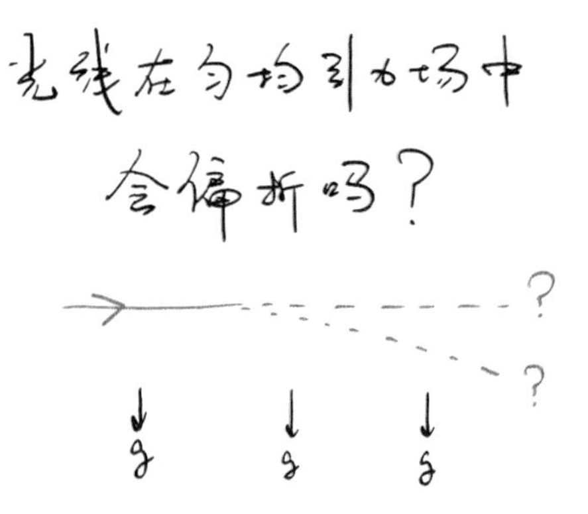

在牛顿引力的框架中，这个问题会让人感觉比较困惑。因为在牛顿引力里，根本就没有说牛顿引力对光会产生什么样的作用。我们在知道了狭义相对论以后，从一定程度上就会了解到，光是没有质量的，牛顿说引力是作用于质量的，既然光没有质量，在牛顿引力里，光线是不是不应该在引力场中偏折？或者更严格地说，在牛顿引力里，光能不能在引力场里偏折，这其实是没有很好地定义的一个概念。

但是，我们有了广义相对论的第一步，等效原理，就可以知道光是不是应该在引力场中偏折了。第一，我们知道有引力的情况等价于有反向加速的情况；第二，我们知道如果有反向加速，那么整个情景就可以等效为有一架电梯在向上运动。电梯开始的时候没有运动，因为有加速度，电梯渐渐地开始向上运动。当电梯向上运动的时候，光相对于电梯是不是偏折了？如果你不往外边看，那么是不是相当于你就发现了光是偏折的？也就是说，我们等效回来，通过等效原理就知道光在引力场当中应该是偏折的。

这就是广义相对论的第一个预言。有了预言以后，大家就需要通过实验观测光在引力场中的偏折。在我的周围找一个光，看看它偏折不偏折，这行不行？不行，因为我的质量太小了，造成的光偏折效应可以忽略不计。

在我们生活的周围，什么东西质量最大呢？也就是说，光线偏折效应最明显的是什么东西？就是我们的太阳。那么我们就来研究一颗星星的光经过太阳时的情况。星光从星星到太阳再到我们，是不是会偏折呢？这里会遇到一个问题，你研究星光经过太阳的时候是不是偏折，但是白天你看见过星星吗？你白天能在太阳附近找到星星吗？这是不可能的事情，太阳太亮了。怎么办？把太阳挡上。怎么把太阳挡上？通过日食。在日全食的时候，我们有希望去观测太阳附近的星星，其光线传到我们的过程中，如何被太阳所偏折。

1907 年，爱因斯坦基于等效原理，通过均匀引力场的预测，计算出偏折是 0.87 角秒。1914 年，德国物理学家弗洛因德里希打算去做这个实验。我们知道，日全食并不是在地球上任何一个地方都能看到，只在地球某一些区域才能看到。于是这个德国人就跑到俄国一个叫克里米亚的小岛上去测量日全食。结果，日全食还没开始，第一次世界大战先开始了，弗洛因德里希被俄国抓了起来。所以他没有测量到日全食，也没有测量到光线偏折效应。

1915 年，爱因斯坦发现自己算错了。他不是犯了简单的计算错误，而是发现，其实用均匀的引力场来近似太阳的引力场是不全面的，还应该考虑空间弯曲的效应。

考虑空间弯曲的效应之后，这个偏折角度变成了原来的二倍，从 0.87 角秒变成了 1.74 角秒。1.74 角秒这个数值，在 1919 年被爱丁顿爵士在日全食观测中所验证。爱因斯坦很幸运，假设 1914 年弗洛因德里希发现光线的偏折不符合爱因斯坦的预言后，爱因斯坦再去修改他的理论，那广义相对论看到光线偏折就不再是一个预言了，而是成了一个所谓的 postdiction，即马后炮。

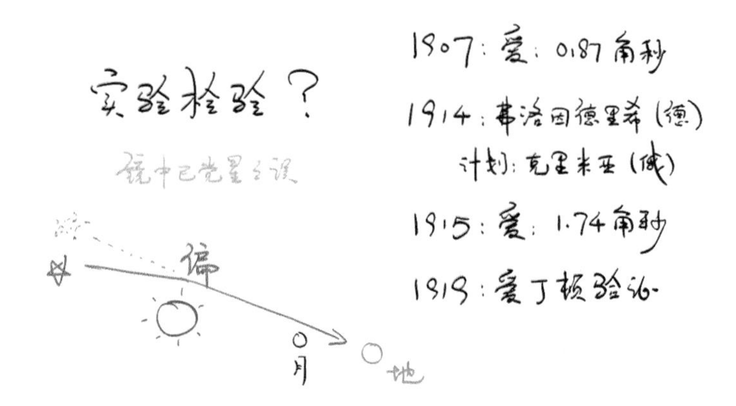

光线偏折现象有什么应用？一群人合影的时候，你可以适当地往后站一站。因为光线经过前边人的时候会偏折一点，这个偏折会造成你看起来会比原有的高度高一点。当然了，只高微乎其微的那么一点点。如果你不在乎高度，我可以悄悄地告诉你，其实站后边也可以显脸小。

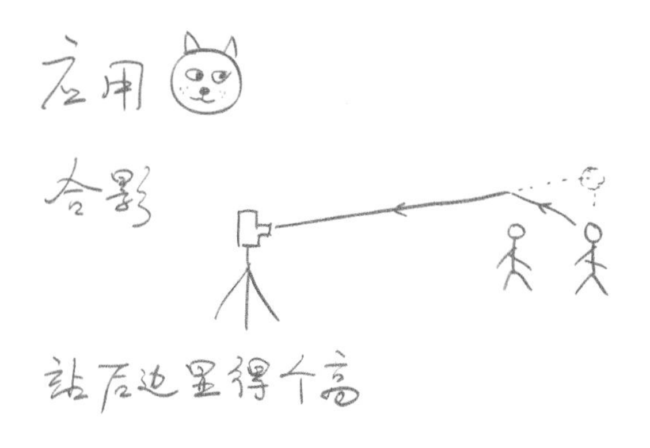

除了光线偏折之外，在均匀的引力场中，我们还有一个效应，即时间的流逝速度，在引力势低的地方和引力势高的地方也是不一样的。具体说，赵四站在高一点的地方，张三站在低一点的地方，然后赵四向张三发射了一束光，这束光从开始发射到结束，它经历的时间是 Δt_4。下面的问题是：Δt_4 这一段的光线，当它到达张三的时候，张三看到这一束光经历的时间 Δt_3 应该是多少？在引力场里怎么回答这个问题？其实我们不知道。引力场太神秘了，我们不知道它的物理规律，但是等效原理可以把这个问题等效成没有引力场但我们处于一个向上跑的电梯当中的情形。在向上加速的电梯情形中，在加速的电梯里，当速度等于 0 的时候，赵四向下发射出这样的一束光线。那么到达张三的时候，Δt_4 所对应的张三那边的 Δt_3 是多少呢？我们发现在赵四发射光的时候，电梯还没有跑，但是有加速度了。当张三接收到这束光的时候，电梯已经有了一个向上的速度。这个向上的速度说明什么呢？就是说当张三接收到这束光的时候，是张三和光在相向而行。相向而行，由于张三跑过一段距离，光要跑过的距离短了，所以 Δt_3 就比 Δt_4 小，也就是说，赵四的一段时间在张三看来变短了，这就是引力场中的时间膨胀效应。

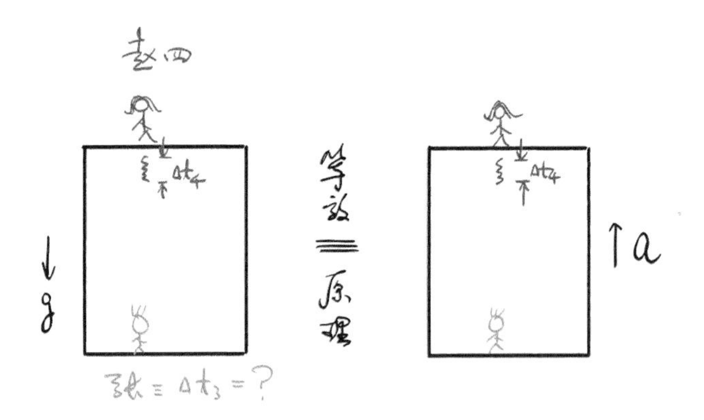

一个方便记住这个效应的方法是，当你处的位置比较高的时候，你就老得快。比如说，我楼上两层就是我们院长，然后再上一层就是校长，所以，学校的高管翻译成英文叫 senior management。这个翻译现在看来还是有一定道理的。

小结一下。首先，狭义相对论和牛顿的引力理论是有矛盾的，因为牛顿的引力理论认为引力是瞬时的，但是狭义相对论告诉我们，没有瞬时的信息传递，信息的传递速度小于光速。这个矛盾怎么解决呢？等效原理。等效原理告诉我们，至少对于均匀的引力场，我们可以通过加速把引力的效应消掉。既然引力连效应都不存在了，就没有办法用这个概念来反相对论了。当然这里我们没有讨论不均匀的引力场，之后的章节中我们会讲不均匀引力场下的情况。接着，我们介绍了由等效原理推导出来的两个效应：一个是“后排显个高”效应，也就是光线偏折；另一个是“楼高老得快”效应，也就是时间膨胀。

8.2　弯曲时空，引力退散

上文我们介绍了广义相对论中的等效原理，即我们考虑一个加速观测者的参照系，在这个参照系中可以把引力消掉。从这个角度上讲，引力看起来是一种幻觉。

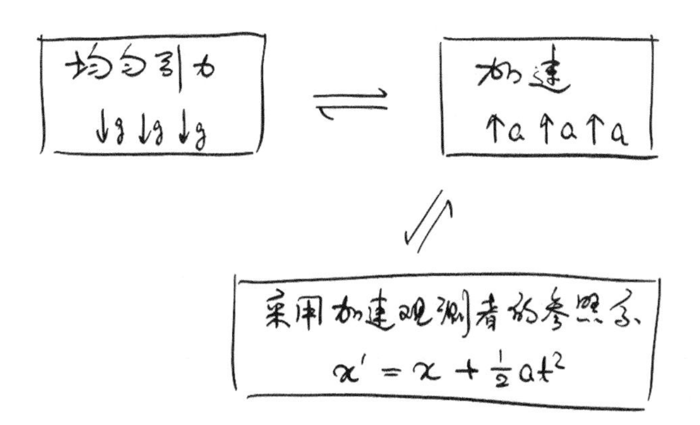

这里就有两个问题。第一个问题，我们考虑的其实是非相对论的速度，我们还可以考虑快一点的速度，这样，我们写公式的时候，可以写相对论性的加速度公式。当然，这是一个技术问题。

还有一个更重要的问题：前面我们一直假设引力场是均匀的，如果引力场不均匀，会出现什么现象？所谓“不患寡而患不均”，不均匀的引力场是有关“引力到底是不是幻觉，引力到底能不能消掉”的一个更本质的问题。

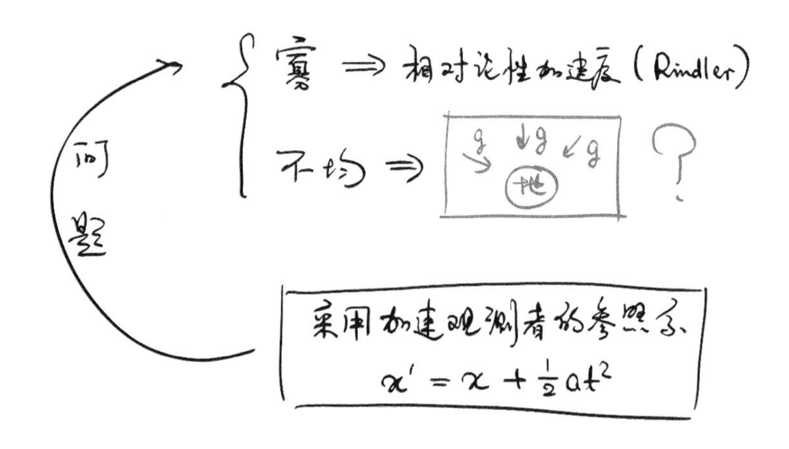

那么，怎么处理不均匀的引力场呢？我们用分而治之（divide and conquer）的策略：一个大的问题解决不了，就把它化成小的问题一个个解决。这一思想在各个学科中都有体现，比如数学中的微积分思想是把整体函数的变化体现成一个个小量的分析；比如编程中的递归思想是通过函数调用自身来把问题大事化小。对于不均匀引力场，我们也可以用分而治之的策略：首先把问题分解成足够小的问题，解决了每一个小问题之后，再看一看怎么把这些小问题的解决方案拼成一个完整的解决方案。

不均匀引力怎么办？

分治（divide & conquer）

1. 分成足够小的问题
2. 将答案拼起来

引力退散指南

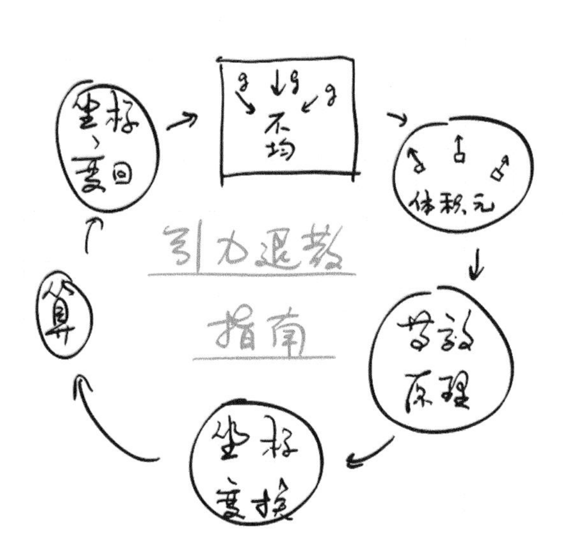

观察一下：不均匀的引力场有什么性质呢？除了量子引力暂且不讨论外，其他的不均匀引力场都有一个共同性质：当我们观察越小的空间尺度时，这

个不均匀引力场的不均匀性也越小；当我们观察足够小的空间尺度时，不均匀性就可以忽略了，我们观察到的其实是近似均匀的引力场。

举一个例子，空间站上的宇航员以一个相当大的跨度去看地球的引力场，他看到地球的引力场是向着地心的，是不均匀的引力场。但对于一条躺平的咸鱼，它感受到的地球引力是相当均匀的，不是那种非常不均匀、朝着地心让它撅起来的引力场。所以，考虑的尺度越小，引力场越均匀。这样一来，我们就可以把一个不均匀的引力场近似成在每一个微小的体积元之上均匀的引力场。然后，我们把等效原理应用到这些微小的体积元之上：在微小的体积元上，向下的引力用向上的加速来替代，于是在微小的体积元上，我们就把引力消掉了。即，在每一个微小的体积元上，我们做一个独立的坐标变换。这个独立的坐标变换相当于在每一个微小的体积元上有一个独立的加速观测者用来消除引力。这样，引力在空间当中的每一点都消掉了。

如果考虑在引力场中物体的运动，比如引力场中一个小球的运动、光线的运行、电磁现象等，我们都可以将空间逐块考虑。这样，原则上对于全空间当中的每一点，我们都可以知道小球是如何运动的、电磁场是如何变化的，等等。全空间中每一点都知道了，那么全空间的情况其实我们也知道了。最后，我们再把空间中的每一点通过坐标变换，变回到以前的坐标，这样就知道了在一个所谓的引力场当中，小球、光线、电磁场是怎么运动的。关键就是分解成体积元，分别应用等效原理，最后再变回原来的不均匀引力场。

两个值得思考的问题

上述办法是非常巧妙的，也是广义相对论的精髓，但是这个办法给我们带来了两个值得思考的问题。

第一个问题。我们把引力场分解成了一个个小的体积元，这些体积元之间是什么关系？如果我们想有一个整体的物理图像，我们需要把这些小的体积元一个一个地粘起来，这些小的体积元粘起来以后，会形成什么样的空间呢？你可能想当然地认为，应该还是原来的空间。其实不一定，比如足球是由一块一块很小的、比较平的皮子缝起来的，但是缝起来之后，就形成了一个表面弯曲的、球形的足球。空间也是这样，考虑空间中每一点很小的具有不同运动状态的体积元，把它们粘起来，我们发现最后的空间其实是弯曲空间。不均匀的引力场导致了空间的弯曲。其实弯曲的不只有空间，弯曲的是整个时空。在时空的时间方向上，不均匀的引力场也导致了弯曲，即我们前面讲到的引力场中的时间膨胀现象。比如在太阳的引力场中，在太阳附近有 3 个事件，从离太阳越远的位置去观测，这 3 个事件的时间间隔看起来就越长。这就是引力场中的时间膨胀效应，可以看成是：在引力场中，时间也弯曲了。

引力场中的时空弯曲其实就是有质量物体感觉到引力的根源。牛顿引力就是对引力场中的时空弯曲做一个非相对论近似的结果。

第二个问题。你可能会觉得这一套“手续”简直太麻烦了：先要做一个坐标变换，空间中每一点去选择不同的参照系，最后计算完以后，还要把空间中的每一点这无穷多的参照系都给变回到原来的参照系当中。这简直太麻烦了！我懒，不愿意做这样的事情，那怎么办？其实，有时懒也是个好事情，在一定程度上讲，懒是人类很多科学技术进步的动力。

做坐标变换的时候，其实我们可以想一个问题：是不是有一些东西在坐标变换的时候是不变的呢？比如在极坐标（polar coordinate）下，我画了一个北极熊（polar bear）。那么，极坐标下边的北极熊在笛卡儿坐标系（Cartesian coordinate）下应该是什么样子？是一个笛卡儿熊，还是仍然是一个北极熊？其实还是那个北极熊，还是那个 polar bear。也就是说，在坐标变换下，图像本身应该是不变的。

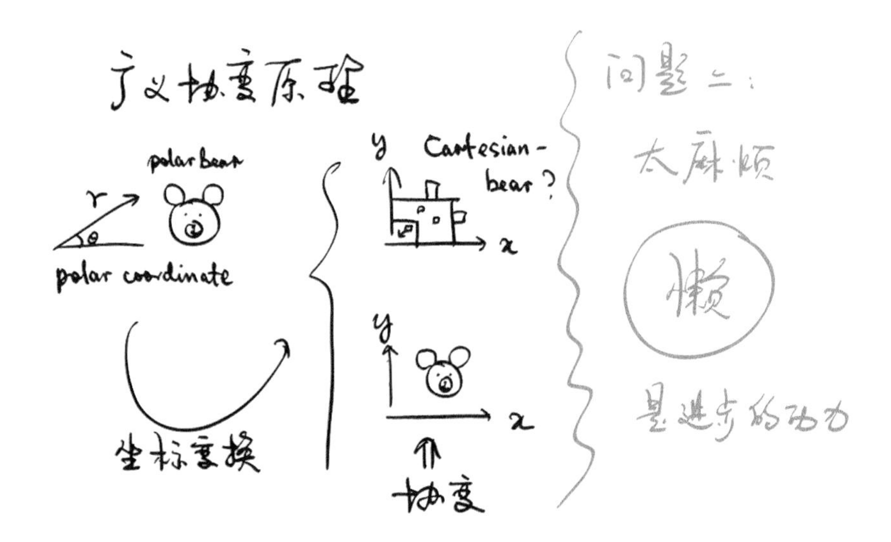

当然，图像是一个非常具体的概念，但我们可以进一步思考：是不是能找到一种公式体系，让方程在坐标变换下也是不变的？如果我们能找到这种坐标变换下不变的形式，那就不用把坐标来回变，而直接用这种坐标变换下不变的方程组形式就直接能从平坦空间推广到不均匀引力，即推广到弯曲空间。

这种坐标变换下不变的方程组是可以找到的，需要用到广义协变原理。其中的数学结构是非常优美的，它就是黎曼几何。数学上的美和物理上的真在这里再次相会，此处不展开描述。

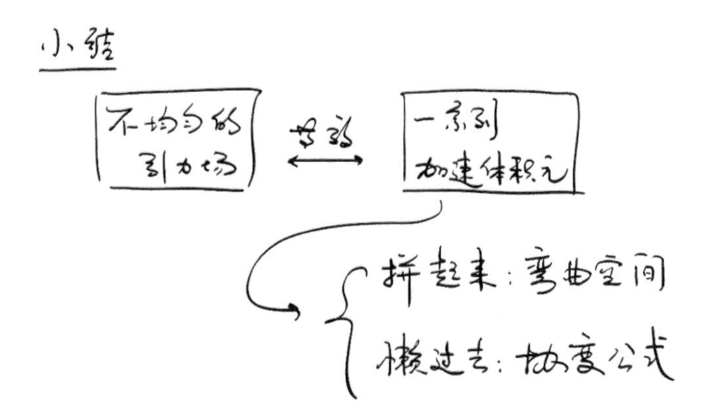

小结一下，在不均匀的引力场下，等效原理只能在一小块一小块的时空中用。把这些小块的时空拼起来，就好像把小块皮子缝成足球一样，弯曲空间就浮现出来了。如果我们不想手工缝皮子，其实有现成的数学可以描述弯曲空间，即黎曼几何。

8.3　黑洞：天上一天，地上一年

前文介绍了广义相对论的基本思想，现在我们应用这些基本思想来研究宇宙当中最神秘的天体之一：黑洞。

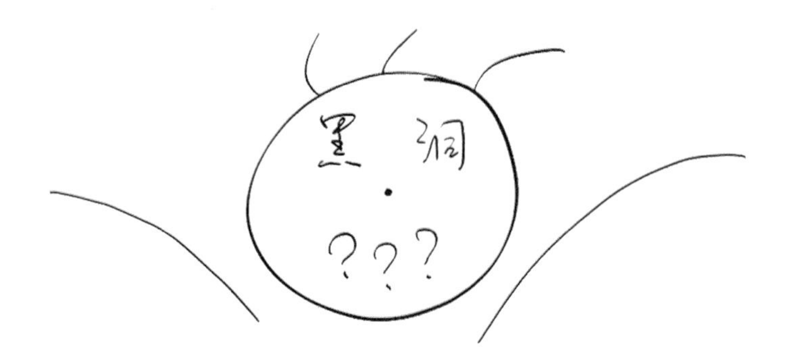

什么是黑洞

在引力场中，时空是可以弯曲的。特别地，如果引力场中有一个物体，它周围的时间在远离这个物体的观测者看来，时间间隔会变大。

如果不断向这个物体扔东西，让这个物体变得越来越重，最后会发生什么样的现象呢？在现实的过程中，这其实非常复杂，这个天体有可能爆炸变成超新星或是发生一些其他变化。但是，假设我们朝这个物体扔东西，这些东西把这个物体极端地压缩了起来，这个时候会出现什么样的现象？

我们采用一个类比，时空就好比是我们日常生活以及天体运行等所处的舞台。时空当中的天体把舞台稍稍地压弯曲了一点点，这就是引力造成的时间弯曲。

现在我们考虑往一个天体里扔东西，极度压缩，让这个天体把时间空间的舞台极度地压弯曲，这时候会出现什么样的现象？会把时空的舞台给压坏了！什么叫压坏了？就是说，在一个有限的空间距离内，引力势能变成了无穷大。引力势阱看着像一个井一样，这个井变得无穷深。

对于一个正常的天体，你花一些工夫就可以爬出其引力势能，这就是所谓的“宇宙速度”。我可以从这个天体逃出。但是，如果引力势能变成了无穷深，你没有无穷大的能量，就不可能逃出这个天体。这个天体就成了一个所谓的“黑洞”。

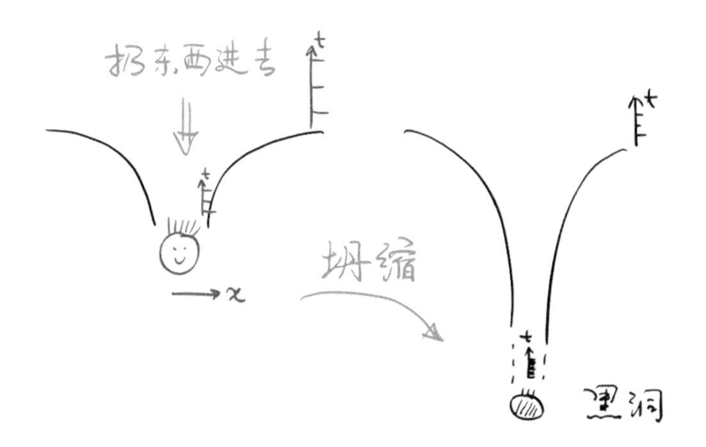

掉进黑洞边界

黑洞的引力势能无穷深，对应的时间膨胀效应也是极端的，即在黑洞周围看起来好像是一瞬间的事件，在远离黑洞的观测者看来，就变成了一秒、一天、一年，甚至比你的一生还要长。

引力势能无穷深的边界，即时间膨胀效应变得无穷大的边界，叫作“视界”。这个视界是只进不出的，如果有一个壮士叫张三，他进入这个视界，就真的是“壮士一去兮不复还”，至少在经典广义相对论中是这样的。

在无穷远处的赵四看来，张三掉进黑洞的一刹那，实际上就相当于无穷长的时间了。也就是说，张三掉到黑洞里边的这部分时间，对于赵四来讲根本没有意义，就更不要提张三再从黑洞里边逃出来了。

上文我们提到，黑洞相当于是把时空的舞台给压坏了。压坏了怎么办？黑洞里边有没有时空？黑洞里边也有时空，黑洞里边的时空相当于是把时空舞台压坏了之后，大自然给坏了的时空舞台打了一个补丁。这个补丁非常有意思，这个补丁的时间和空间方向和黑洞的外边不一样。也就是说，当张三掉进黑洞的时候，我们外界的人觉得张三好像是在朝着黑洞的中心跑。其实对于张三而言，张三是朝着他时间的终点跑。所谓的黑洞中心对于张三而言，不再是空间当中的一个点，而是时间的终结。在空间中，可以选择向左跑、向右跑。但在时间中，张三没有选择，只能选择向前跑，最后撞到黑洞的中心——奇点。

这就是经典黑洞的图像。“一去不复还”可以从 3 个角度看：无限的时间膨胀；无限深的引力；掉进黑洞之后，黑洞的中心实际上是时间的终结。

最简单且最复杂

在一定程度上讲，经典黑洞是世界当中最简单的物体。

为什么这么讲？先想一想，为什么地球基本上是圆的呢？我们在地球上立一面旗，它是会倒的。为什么会倒？因为有重力势能，旗倒下，重力势能更低一点，所以地球更容易变成圆的。而在黑洞的情况下，重力势能已经是无穷大了，黑洞也就变得无穷圆。即黑洞基本上就是一个几何上的球形，去标志黑洞只能用它的质量参数。

当然了，这里我们讲的是最简单的一种黑洞，没有旋转。这样的黑洞，它是球形。有了旋转之后，我们要提供一个向心加速度，这样，黑洞可以变成一个椭球形，但也是一个完美的椭球形。

黑洞也有可能是带电的，黑洞带电的多少可以表征这个黑洞。所以，经典的黑洞只能用 3 个量来表征：质量、角动量和电荷。数学上可以证明，你没有办法从经典角度上再给黑洞加任何参数了。

质量、角动量、电荷，这 3 个量大家听起来可能很熟悉，可以说，经典的黑洞几乎就像一个基本粒子一样，因为一个基本粒子也是由质量、角动量和电荷这 3 个量来表征的。

经典黑洞像一个基本粒子一样简单，但是，如果我们考虑量子力学效应，黑洞便摇身一变，从宇宙中最简单的物体变成了宇宙中最复杂的物体。

在量子力学里，真空并不是空的，真空中充满了量子涨落。量子涨落指的是，真空看起来好像什么也没有，但是真空中会出现带正能量的粒子和带负能量的粒子这样的粒子对。粒子对不会持续很长时间，很快就又会碰到一起，湮灭掉。

举一个比较形象的类比，假如我欠一个人的钱，债主追着我讨要，为了能把我们借债这个账给“湮灭”掉。我欠债主的钱越多，债主可能要得越急，很快就把这个账给湮灭掉了。这就是“真空不空”。虽然真空中可以产生出这样正能量、负能量的粒子，但是这个正能量、负能量的粒子最后是要湮灭掉的。

但是，如果其中负能量的粒子掉进了黑洞，又会发生什么样的现象呢?

继续类比，如果我欠一个债主的钱，无论跑到天涯海角，债主都会追上我，把钱要回，把账消掉。但是，如果债主掉到黑洞里了，我是不是就自由了？因为黑洞是只进不出的，债主掉到黑洞里，他就没有办法追着我要钱了。这样一来，我是不是就可以随便跑到任何地方，这个账就消不掉了。在量子引力中也是一样，当负能粒子掉进黑洞的时候，正能粒子就可以跑到无穷远的任何地方去。正能量粒子所对应的辐射就是“霍金辐射”。

太阳质量的黑洞，其对应的霍金辐射的温度非常低，现在没有任何仪器可以测到这么低的温度。但是在理论上不能忽略这样的可能，理论上黑洞可以辐射，这告诉了我们什么呢？即黑洞有温度。如果黑洞有温度，那么黑洞也必然有熵，有它内部的状态。在经典广义相对论里，黑洞好像是世界上最简单的物体，但其实它并没有那么简单。它有状态，我们仔细研究一下，去算一下黑洞上面可以有多少状态，会发现黑洞上边的状态比我们现在知道的世界上任何的其他物体的状态都要多。其实，在量子引力的范畴中，黑洞是宇宙当中最复杂的物体。

全息原理

黑洞所产生的时间膨胀效应和黑洞拥有微观状态，这两件事情如果放到一起想，其实细思极恐。

为什么？假如壮士张三跳进黑洞，外面一个观测者赵四在观察这个过程，那么张三和赵四各自的体验是什么呢？对于张三，他掉进了黑洞，并且在黑洞里还经历了一段旅程，直到最后碰见了时间的奇点。但对于赵四而言，张三的时间在黑洞的表面就终结了。这是不是细思极恐？同一个张三掉进黑洞的物理过程，对于张三和对于赵四而言，他们看到的物理现象是不一样的：张三看到的是自己跳进了黑洞，看到了黑洞的内部，最后终结在黑洞的奇点；而赵四看到的是张三冻结在黑洞的表面上。

这两个物理过程有没有可能是相关的呢？有这样一个猜想，叫“全息原理”。既然黑洞表面是可以有微观的量子引力的状态，那么黑洞二维的表面上的状态是不是可以表征黑洞里边三维的物理现象呢？全息原理认为，这样的一个二维表面和三维体积具有一个对应关系，即对偶性。对于我们进行的量子引力的研究，很多人相信，全息原理是通向量子引力的一把钥匙。

引力波

最后，我们再聊一个和黑洞相关的话题——引力波。引力波是什么？它和黑洞又有什么关系呢？

黑洞是宇宙中密度相当大、相当重的物体，这样重的物体如果互相绕转，甚至合并，它会在空间中产生出一圈一圈的涟漪，就像在水中，如果你去搅动水面，水面上也会出现一圈一圈的涟漪。这种时空的涟漪就叫引力波。

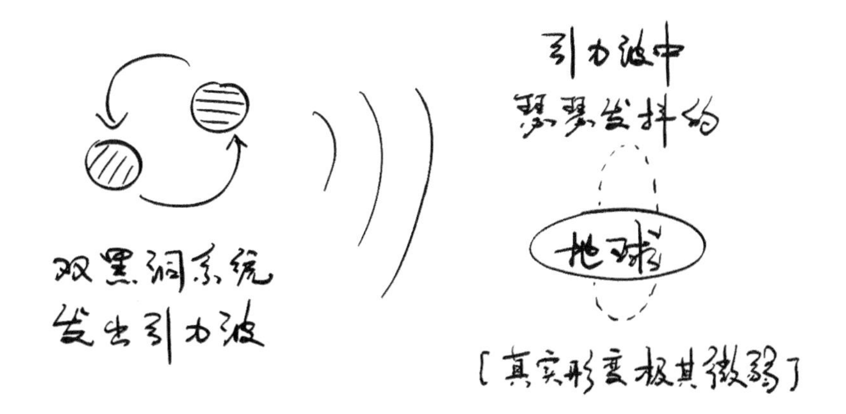

虽然我们发现的第一个引力波事例是双黑洞的合并，但是引力波的产生并不限于两个黑洞的合并。两个其他致密天体的合并，也可能产生我们能观测到的引力波现象。比如说两个中子星的合并，双中子星的合并不仅产生了巨大的引力波信号，还产生了非常亮的光学信号。两个中子星的碰撞，其实还能产生很多非常重的元素，比如可以和地球的质量相比拟的那么多的黄金。

人类第一次探测到双中子星合并产生引力波信号的那一天，当新闻报道说这个事件产生了地球质量那么多的黄金时，全球金价还下跌了。研究者普遍认为，双中子星碰撞的机制是我们世界上金子以及类似的重元素的主要来源。

第九章
宇宙

9.1 晚上天会黑，因为宇宙年龄有限

在讨论宇宙之前，先问大家一个问题：为什么晚上天会黑？大家可能会认为这是一个非常傻的问题。晚上太阳落山了，所以天就黑了，有什么值得好奇的呢？

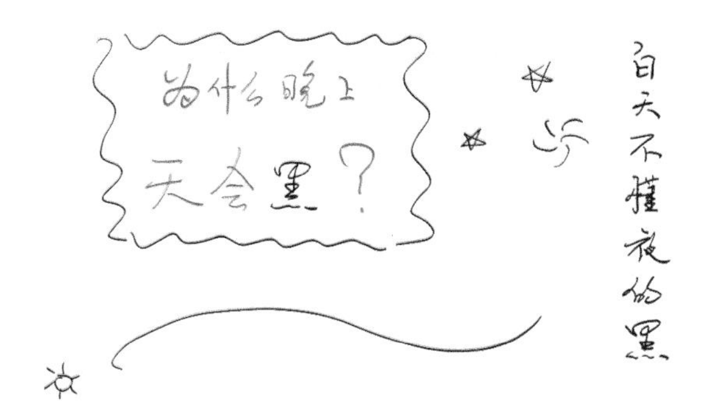

那么，回到宇宙的话题。“宇宙”这个词在春秋战国时期的《尸子》《文子》《庄子》等文献中就已经有论述。所谓“宇”，是上下四方，所有的空间；

而“宙”是往古来今，所有的时间。这所有的空间和所有的时间放在一起所形成的时空以及时空当中所拥有的一切，就是我们的宇宙。

宇：上下四方 ⇒ 空间 ⇒ 无限？
宙：往古来今 ⇒ 时间 ⇒ 永恒不变？

说到这儿，大家可能会好奇，既然宇宙是所有的空间和所有的时间，那么空间到底是有限的还是无限的？而在时间上，宇宙到底是永恒不变的还是不断在发展变化的？

要回答这两个问题，我们其实就回到了本章开篇的问题，即为什么晚上天会黑。这两个问题看起来毫无关系。现在，我们假设宇宙在空间上是均匀而无限的，在时间上是永恒而不变的，看看会得到什么样的结论。

想象晚上的夜空，这时候太阳已经落山了。我们考虑星空当中和我们的距离为 r 和距离为 $2r$ 的这两类星星，那么，离我们近一点的星星发出的光和离我们远一点的星星发出的光，哪一个会更亮呢？

如果仅凭直觉，答案是离我们近的星星发出的光会更亮。如果我们考虑单颗星星，这没有问题。平均来讲，离我们近的星星发出的光当然是更亮的。如果距离加倍，那么单颗星的亮度会降到原来的 1/4。

但是，晚上的天是不是黑的，并不是由一颗星星来决定，它是所有星星带给我们的观感。如果宇宙在时间和空间上是均匀的、不变的，那么距离加倍，星星的数量会改变多少？我们考虑的是离我们有一定距离的一个球面，距离加倍，则星星的数量变成了原来的 4 倍。单颗星的亮度变成 1/4，星星的数量变成 4 倍，这告诉我们：不同距离的星星们，它们贡献的夜空亮度是相同的。也就是说，如果宇宙是永恒而无限的，那么我们看到的夜空应该是均匀而明亮的，并非“七八个星天外”这样一颗一颗星星的宇宙。

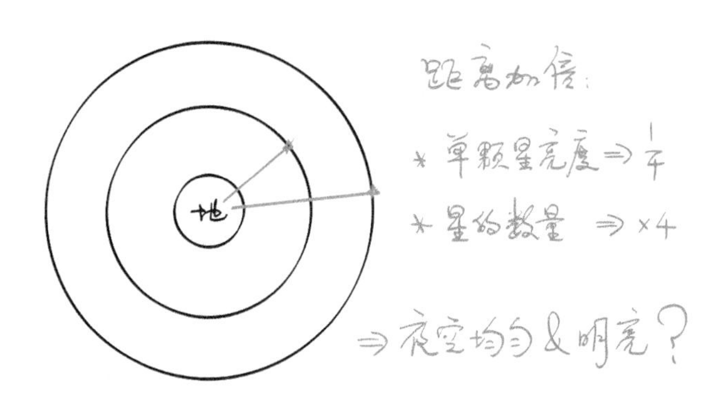

这个问题早在 6 世纪的时候就已经被科斯马斯讨论过了，16 世纪时被迪格斯重新发现。开普勒在 1610 年又对这个问题做了研究。这个问题叫作“奥伯斯佯谬”。奥伯斯佯谬是说，夜空看起来应该是均匀而明亮的，那为什么我们真正看到的夜空是黑暗的呢？

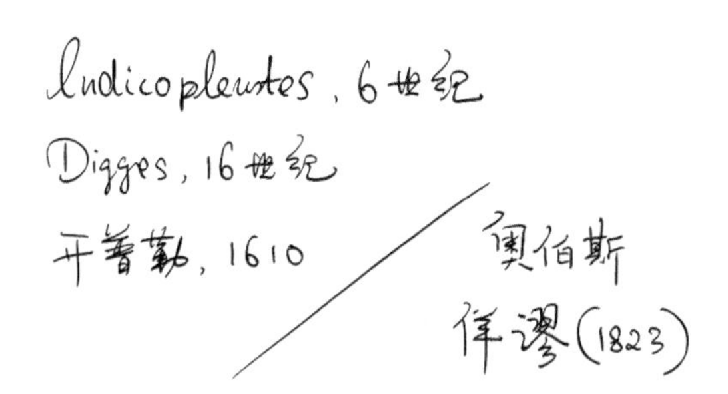

在回答这个问题之前，我们先把问题更定量化一点。如果说夜空是均匀而明亮的，那么这个明亮到底有多亮？是柔和的亮，还是刺眼的亮？

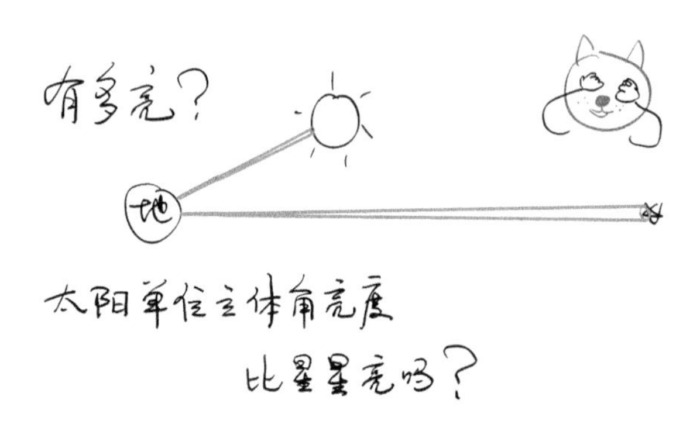

太阳有多亮？太阳当然非常亮了，亮到我们不能用肉眼去直视，否则太阳瞬间就会对我们的视网膜造成伤害。但是，如果我们考虑单位立体角上所产生的亮度，即一个1° 的圆锥——1° 可能太大了，我们考虑百分之一度、千分之一度、万分之一度、亿分之一度的圆锥，那么我们的视线沿着这样的圆锥看出去，太阳的亮度和星星的亮度是一样亮的还是不一样亮呢？你仔细想一下，其实是一样亮的，也就是说，太阳和一颗与太阳差不多的恒星，它们单位立体角的亮度其实是一样的。

为什么太阳更亮？因为太阳占的立体角多，因为太阳脸大！所以，太阳看起来更亮。但是单位立体角的亮度，太阳并不比星星亮，它们是差不多的。

有了太阳和星星单位立体角的亮度是一样的这个结论，我们再来比较一下真正的夜空的亮度。假设没有太阳，也没有月亮，只有夜空，也不包括大气的各种漫反射、辐射等，只考虑夜空的亮度，夜空的亮度有多亮？我查到了好几个数字，如 10^{-14}、10^{-15}、10^{-16} 乘以太阳的亮度，由于我们这里做的是一个简要的数量级估计，所以这些不同的数字也不会带来太大的混淆。真正的夜空亮度是 10 的负十几次方乘以太阳亮度这么亮。

如果我们的视线真的对准了一颗星星，那么这时观察到的星星的单位立体角的亮度和太阳的单位立体角的亮度是一样的。当然，光是从星星发给我们的，这种考虑只是一种理想化的想象。如果我们沿着每一个方向的视线进行观察，会得到什么样的结果呢？一条视线碰上一颗星星的概率应该是真的夜空的平均亮度和太阳亮度的比例，也就是 10^{-14}。

假设宇宙只有有限的空间里有星星，我们沿着视线在一个有限大小的空间里探索，我们碰到一颗星星的概率是 10^{-14}。然后，我们还可以查到宇宙当中星星的平均数密度。从这两个量，我们就可以去估算，在有限大小的这样一个球体里边，最远的星星离我们多远。

在大概的数量级上，最远的星星离我们有百亿光年这么远。即光跑了上百亿年这么远。上百亿年这个概念可能太长了，我们很难用我们的头脑直接地去想象。但是你可以想象，假如把整个宇宙上百亿年的历史都压缩成一部电影，这部电影假如有一天那么长，那么人类上下五千年的历史，在这部电影里可能只占一帧的分量。这就是百亿年！光跑 100 亿年，这就是百亿光年！

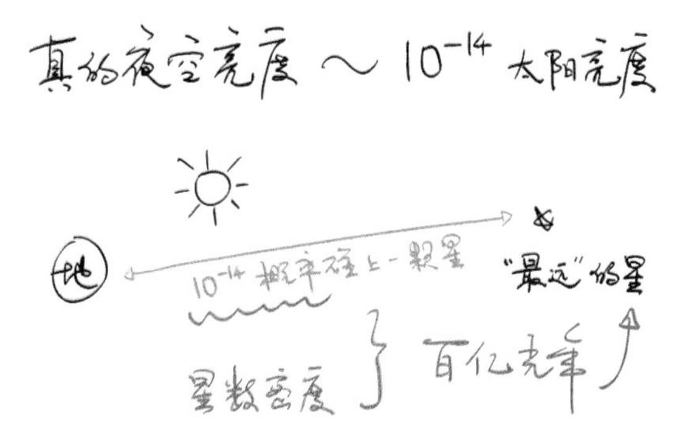

那么我们对这个现象有什么解释？前面说过，要解释奥伯斯佯谬，我们可以把宇宙想象成一个体积有限的球体，在有限的球体里才有星星在发光，这样就解释了为什么夜晚的天空和太阳的亮度相比，会暗 10^{-14} 倍。把我们的宇宙想象成有限的星星组成的球体，这是不是告诉我们，宇宙的大小是有限的呢？如果假设宇宙的大小是有限的，那么可能我们就要回到几百年前的一个问题——人类是不是宇宙的中心？

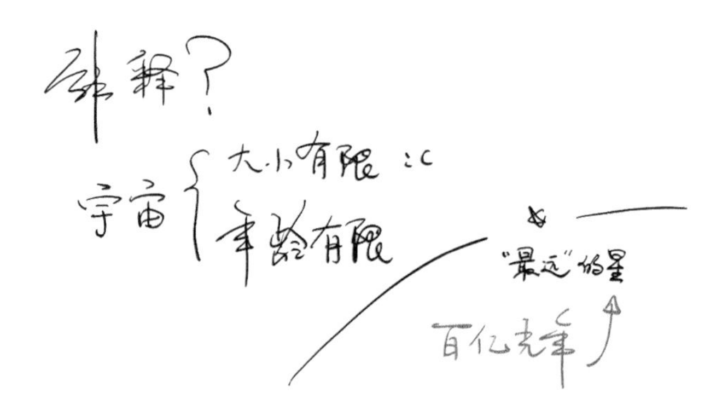

认为人类在空间位置上并不是宇宙的中心，这叫哥白尼原理，推广一点是宇宙哥白尼原理。但如果我们假设真的有这样一个球，我们生活在其中心，是不是又回到了否定宇宙哥白尼原理的时代了？我们不想做这样的假设，当然还有其他很多的实验观测也不支持这个假设，在此不细讲。也就是说，宇宙大小有限，并且刚好是前面我们说的百亿光年，这种模型并不是我们想要的宇宙。

我们想要的宇宙是什么呢？除了宇宙的大小有限——我们会看到恒星基本上分布在一个直径百亿光年的球体里——还有一种可能，即宇宙的年龄有限。假设宇宙有一个诞生的时刻，从那之后到现在，宇宙已经有了百亿年这样的年龄。

如果这样假设，那么我们看宇宙的时候，看到的宇宙中的恒星其实也是在一个有限的球体当中。因为如果宇宙的年龄有限，这些恒星的年龄当然也有限。当我们去看星空，实际上越远的地方，看到的也是越古老的现象，因为光传播的速度是有限的。

我们看到的最远的地方的景象，就是第一代恒星刚刚形成时的景象，在此之前连恒星都没有，我们自然也看不到他们的星光。所以，宇宙的年龄有限告诉我们，可观测宇宙的大小是有限的。在可观测宇宙之外，是不是还有空间呢？应该是还有空间，只不过这部分空间当中的光，即使从宇宙诞生的时候就开始向我们跑，到现在也还没有跑到我们这里。所以，我们看不到那一部分的宇宙。我们只能看到有限的可观测宇宙，这个可观测的宇宙，直径大约 900 亿光年，它对应的宇宙年龄为 140 亿年左右。这里我说“左右”，是因为宇宙学是一个快速发展中的科学，像宇宙年龄这样的数字，其实现在我们并没有一个非常精确的结果，只有在 1/10、1% 这样精度上的一个估计值。

这也是我们作为宇宙学科研工作者的幸运。作为宇宙学工作者，我经常感觉我活得很久。为什么这么讲？因为我在上研究生的时候，最好的观测结果告诉我，宇宙的年龄是 137 亿年，而现在最好的观测结果告诉我们，宇宙的年龄是 140 亿年，也就是说，我感觉自己从上研究生到现在，已经活了 3 亿多年了。

这就是关于宇宙的时间和空间的讨论。宇宙有多大，我们不知道，但是我们知道我们生活其中的宇宙有一个有限的年龄，所以可观测宇宙有一个有限的大小，这是光速有限的结果。

在我们的宇宙中，除了宇宙的空间和时间有多大多延展之外，我们还可以问什么问题？可以问的问题很多。比如，宇宙空间的性质是什么样的？宇宙空间的性质是现代宇宙学中最核心的问题。它的答案是：宇宙是处于膨胀之中的。

什么叫宇宙膨胀？先来做一道题，就是 expand this expression（膨胀这个公式）。如果大家的数学是数学老师教的，那么相信你们可以得到一个答案。但是如果大家的数学是物理老师教的，可能得到的答案就不同了，可能得到的是下图的答案。其实这也是宇宙当中的答案——宇宙是膨胀的。在宇宙的膨胀中，物体的大小基本上是保持不变的，但是物体之间的空间间隔不断地被生长出来。这就是宇宙的膨胀。

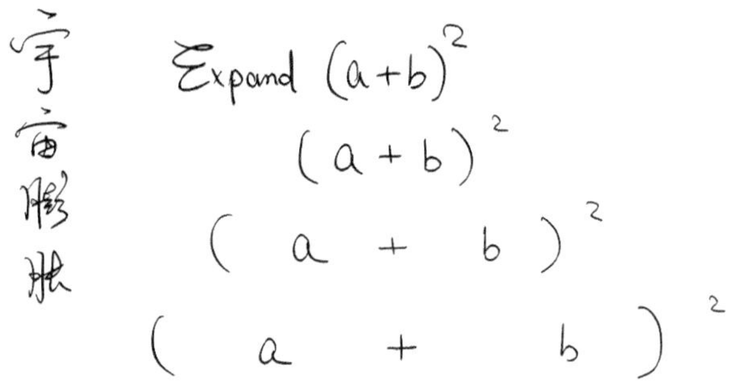

宇宙膨胀

Expand $(a+b)^2$

$(a\ +\ b)^2$

$(\ a\ \ +\ \ b\ )^2$

$(\ \ a\ \ \ +\ \ \ b\ \ )^2$

宇宙的膨胀告诉我们，随着时间的推移，宇宙中看起来同样的一个体积，它会越长越大。初中物理介绍过气体膨胀的时候对外做功，温度下降，即随着宇宙的膨胀，宇宙的温度也是不断下降的。我们现在看到的宇宙平均来讲是一个很冷的状态，但是早期宇宙可以非常热，甚至热到我们现在任何一个实验都达不到的高温，也就是说，宇宙的膨胀历史可以看成是宇宙的热历史。在宇宙的膨胀历史中，我们身处现在，我们可以展望未来，问宇宙的命运问题。

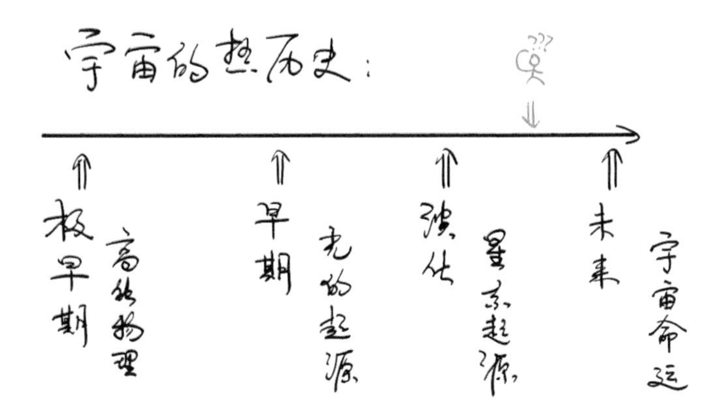

下一节讲到暗能量时，我们会讨论一下宇宙的命运问题。如果回首过去，我们可以讨论宇宙的演化：怎样从一个几乎均匀的状态形成宇宙中的大尺度结构，如何形成星系团、星系，进而形成恒星、行星，最后形成人类。简而言之：开始的时候宇宙是相当均匀的一团气体，但是由于有小的不均匀性，而引力是不稳定的，密度大的地方会吸引其他的物质，于是密度越来越大；密度小的地方，物质被其他地方吸引，密度越来越小。最后，宇宙就变得越来越不均匀，直到变成了现在的样子。这就是星系的起源。

光的起源发生在更早期的宇宙中，光是电磁相互作用和弱相互作用这两个对称性破缺的结果。对称性破缺的过程，我们相信在宇宙当中是发生过的，它告诉我们光从物理性质上是什么时候起源的。光从物理性质上起源之后，再往后发展，宇宙诞生之后 38 万年时，才刚刚从等离子体状态，经过温度下降变成一个透明的状态。从那个时刻开始，光可以自由传播，所以从宇宙的热历史当中，我们也可以找到光的起源。

如果再往前追溯，从光的物理起源，即电磁和弱相互作用的对称性破缺那个时候，再去探索更早时期的宇宙，那么更早时期的物理其实我们现在还不太清楚。但是我们可以通过观察宇宙去研究那个时候的物理，也就是研究宇宙极早期的高能物理。

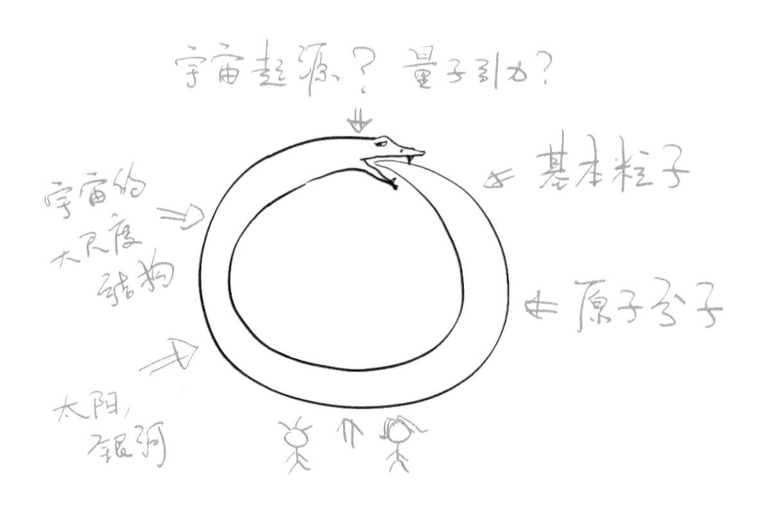

从这个角度来讲，研究宇宙是一个把宇宙当中最大的尺度（整个的可观测宇宙）和宇宙当中最小的尺度（基本粒子）联系起来的过程。也就是说，物理学可以被想象成一条衔尾蛇，一条衔住自己尾巴的蛇。衔尾蛇这个形象非常有意思，在很多不同的文化中都曾经独立地出现过。如果说蛇的尾巴代表的是高能物理、基本粒子，那么随着尺度的不断变大，我们有原子分子物理、凝聚态物理，以及我们人的尺度、地球的尺度、太阳的尺度、银河的尺度、宇宙的大尺度结构等等。但是，当我们考虑再大的尺度——整个的可观测宇宙时，其实我们问的是宇宙起源、量子引力这样的问题，而这样的问题又给基本粒子物理提供了很多问题的答案。我们空间中看起来最大的尺度和最小的尺度其实是联系在一起的，所以宇宙也可以被看成是一条衔尾蛇！

9.2 什么是暗物质和暗能量

世界是由原子组成的，费曼认为这是极其重要的一句话。但问题是：这个世界真的是由原子组成的吗？或者说，我们熟悉的原子、分子，以及原子、分子所组成的物质占宇宙当中物质的多少呢？这个问题很难从理论的角度去回答，但是宇宙学观测已经给了这个问题一个答案：我们通常所熟悉的原子、分子所组成的物质只占宇宙总物质的大约 5%，其他约 25% 的物质是一种所谓的“暗物质”，而更多的约 70% 的物质被称为“暗能量”。

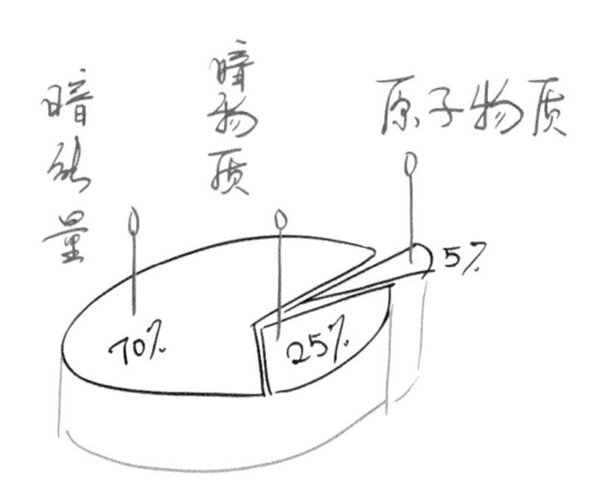

什么是暗物质？什么是暗能量？

暗物质

太阳系由太阳以及围绕其转动的水星、金星、地球、火星等星体构成。我们很容易查到水星、金星、地球、火星离太阳的距离以及它们运行的周期，这样就可以计算它们运行的速率。距离太阳越远，速度越小，这说明离太阳越远的物体受到的太阳吸引力就越弱，所以它不用跑那么快，去做圆周运动了。

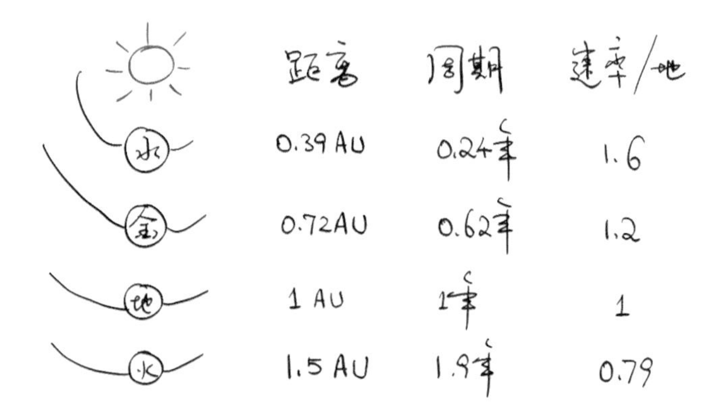

我们可以通过下面的旋转曲线图来表示星体速率随太阳距离的变化，随着距离增大，这些行星的旋转速度越来越慢。我们做一个想象实验：假如有一个恒星系，它的“水星”“金星”“地球”“火星”，一直到“海王星”，它们的速度几乎全都是不变的。那会是什么样的情景呢？如果我们的引力理论还是牛顿引力，那这是不是会让我们感觉这个星系里有一个幕后黑手，给远处的行星提供了更多的吸引力来让它们的速度保持不变？

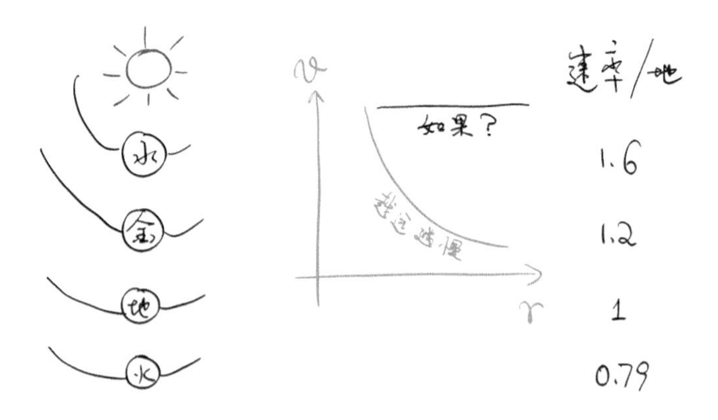

当然，太阳系中并没有发现这样的幕后黑手，但是在银河系以及几乎所有其他星系中，我们都发现了这种幕后黑手。观察一个星系，我们会发现在离星系中心很近的地方，有非常多的恒星；离星系中心远的地方，恒星越来越少。按这个想法，考虑离星系中心足够远的地方，恒星的运动速度应该越来越小，但是我们的观测表明，运动速度不一定是越来越小的，也可以几乎不变，甚至在有的星系中，会稍稍上升一点，即使稍稍下降一点，下降速度也达不到我们的预期。

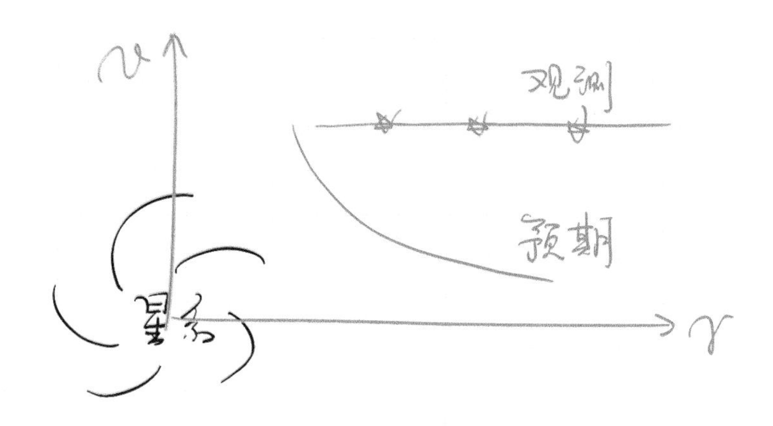

在这种情况下，我们认为这个星系中可能有看不见的幕后黑手。这让我想起一道脑筋急转弯，“1+1 在什么情况下等于 3？”大家可能都知道答案，在算错了的情况下等于 3。但是，科研工作者并不喜欢这个答案，我们可以给大家另一个答案：1+1，再加上一个看不见的“暗”数字 1，那么也可以等于 3。什么意思呢？我们星系当中所有的可见物质加到一起，不能提供足够的引力去维持速度几乎不变的旋转曲线。怎么办？我们就再加一些看不见的物质，这种看不见的物质就叫作“暗物质”。

1+1在什么情况下等于3?

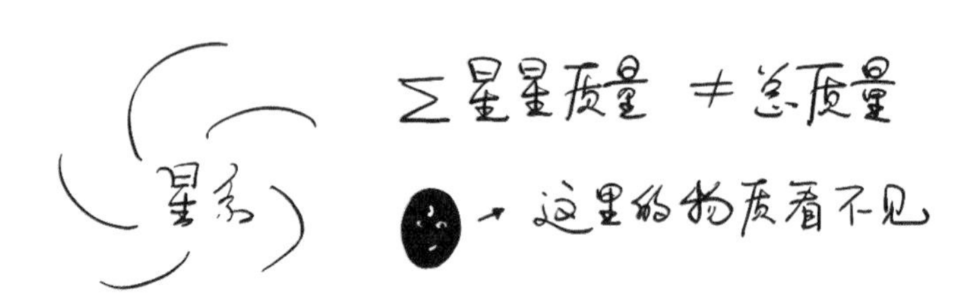

当我们加入了暗物质之后，无论理论上的预期还是数值上的拟合，都可以基本上解决星系的旋转曲线问题。暗物质被提出以来，不仅在星系的旋转曲线上，还在星系团、宇宙的大尺度结构，甚至早期宇宙当中发现了各种各样的观测证据。

我们是通过引力去理解暗物质的，暗物质是看不见的，但是也提供了一份万有引力。我们如果再较真地去问：这个暗物质到底是什么呢？我们还不知道，我们只知道暗物质不是什么。

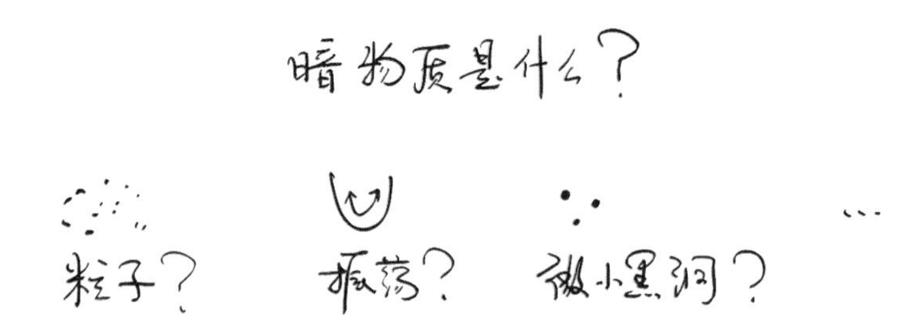

首先，我们知道暗物质不是能发光的物体，不参与电磁相互作用，并且它的引力相互作用和我们熟悉的原子、分子物质是差不多的。除此之外，我

们对暗物质的性质了解非常少。暗物质有可能是原子、分子这样的一些粒子，也有可能是所谓的场的能量，甚至有可能是比可见光的波长还微小的微小黑洞。

暗物质到底是什么？现在我们还不清楚，但是暗物质的存在和我们实际上是息息相关的。一个让我们很难想象的事情是，如果暗物质真的是由暗物质粒子组成的，那么每一秒钟穿过我们身体的暗物质粒子有可能成千上万，甚至比这个数字还要大很多个量级。但是我们根本感觉不到，因为它们和我们之间除了引力，没有其他的相互作用。

暗物质也有可能是其他各种各样的“候选者”，无论它们是什么，其实在早期宇宙中，暗物质为人类的形成做了很多铺垫，因为宇宙大尺度结构的形成、星系的形成都与暗物质有关。暗物质会凝结成一个云彩里边的类似凝结核的东西，然后在这个凝结核周围才形成了宇宙的大尺度结构。

暗能量

下面我们讨论另一种更加神奇的存在——暗能量。先问一个问题：引力总是吸引的吗？

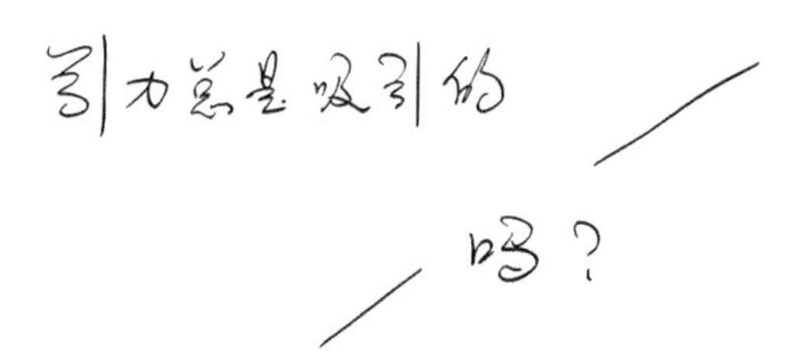

在地球上扔一个物体，比如一个小球，那么即使小球处在上升的过程中，

这个小球也应该是减速上升。如果发射一个火箭，当火箭的推力燃料用完时，火箭只通过惯性来飞行，那么火箭的上升也是减速上升。也就是说，引力的吸引可以在减速上升中体现出来。

那么宇宙呢？我们知道宇宙在膨胀。用定性的观点，我们也可以把宇宙的膨胀理解成像我们从地球上扔东西，在宇宙诞生的一刹那，宇宙中所有的东西全都被向外抛出，这些向外抛出的东西会受到里边的物质的吸引力，那么宇宙应该是减速膨胀。

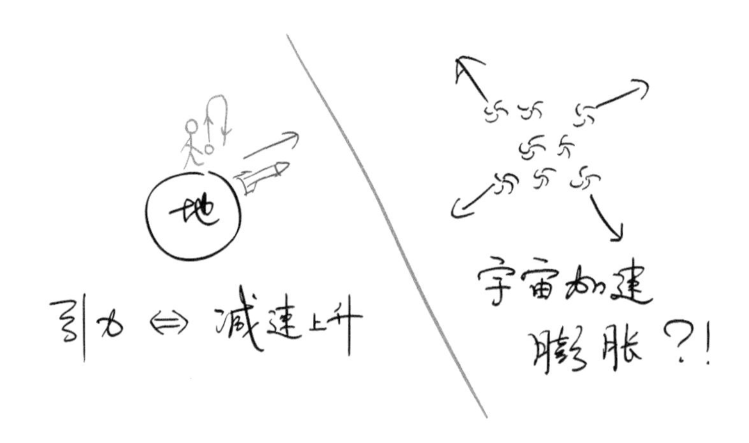

但是宇宙学观测发现，宇宙正处于一个加速膨胀的状态。加速膨胀告诉我们，宇宙里所有的东西，包括可见物质、暗物质，甚至也包括我们下文要提到的别的物质，它们为外边的东西提供的不是引力，反而是推力。这种推动宇宙加速膨胀的东西，我们甚至可以给它解释成反引力，而提供反引力的这样东西，在天文宇宙学上，被叫作“暗能量”。

我们不知道什么是暗能量。暗能量在理论上同样有很多“候选者”，要确定暗能量到底是什么，还需要更多的理论理解，更多的实验观测。现在，解释暗能量的最简单的一个理论是真空能。

真空当中存在量子涨落，而量子涨落本身也具备一定的能量，这个能量就是真空能。真空能可以让宇宙加速膨胀，也就是说，它可以当作是暗能量的一个“候选者”，并且是迄今为止宇宙当中最好的暗能量的“候选者”，至少从观测上来讲是这样。

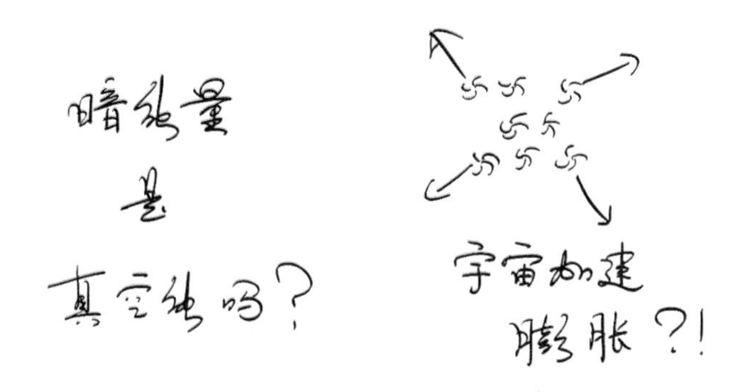

暗能量和我们有什么关系呢？暗能量的性质决定了宇宙最终的命运。金庸先生笔下的周伯通曾经讲过：“如果我现在不是世界上最厉害的，武功不是天下第一，有一个办法让我成为武功天下第一：把所有比我厉害的都熬死就可以了。”我们宇宙的命运也是如此。宇宙的命运为什么掌握在暗能量的手里呢？因为在宇宙膨胀的时候，所有我们能想象到的其他物质，其密度都是降低的。但是，假如暗能量是真空能，一盒子的真空，和膨胀一下、大一点盒子的真空是不是同样的真空？也就是说，真空能的密度随着宇宙的膨胀并不降低。别人都降低了，把别人都熬死之后，宇宙的命运就掌握在了真空能的手里。

宇宙将会面对什么样的命运？如果真空能真能持久不衰，并不衰变，那么我们的宇宙将处于不断加速膨胀的状态，不同的区域将逐渐地彼此失去联系——这是一个孤独终老的状态。

当然，这只是我们对宇宙未来的一种想象，因为真空能只是暗能量的一个“候选者”，暗能量不同的“候选者”会给我们带来大撕裂、大挤压等各种各样的不同的宇宙命运。要知道宇宙的命运到底是什么，我们还需要对暗能量有更多的理解。

9.3 终极理论之梦

我们在上文中讨论了现代物理的方方面面——更快、更高、更强、更小、更多、更大。在本书最后，我们讨论一个梦想，这个梦想叫作“终极理论之梦”。

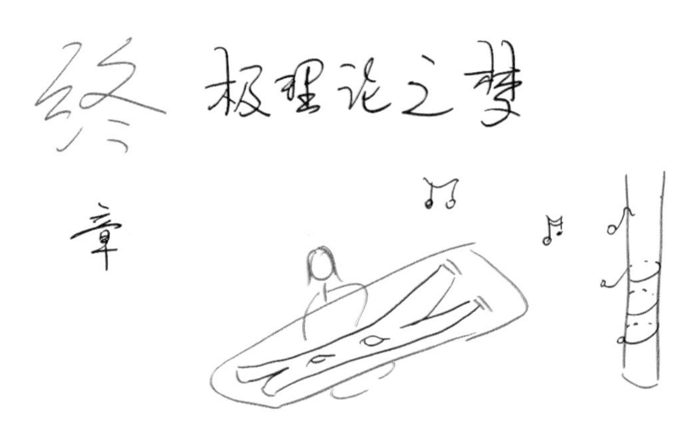

我们从爱因斯坦讲起。爱因斯坦的广义相对论研究的是物质分布和时空弯曲的关系，即物质和空间几何的关系。两者的关系可以由爱因斯坦方程来描述，该方程的左边是几何，即空间是如何弯曲的；右边是物质，即物质是如何分布的。爱因斯坦本人对这个方程左右两边的好恶完全不一样，爱因斯坦认为方程右边的物质是所谓的“俗物”，好比“泥”做的一样；而方程左边的几何是数学的、美妙的、精密的，爱因斯坦喜欢它们，就好比喜欢“水”那样的纯粹。爱因斯坦觉得，只应天上有的几何和落到凡尘的物质不应该匹配起来。一个真正美妙的方程，方程的右边即所谓的物质应该也是几何化的，也就是说，爱因斯坦希望把物质也统一到几何的框架当中。这就是爱因斯坦的梦想——所谓的“统一场论”。

爱因斯坦方程

$$G_{\mu\nu} = 8\pi G T_{\mu\nu}$$

水做的　　泥做的

几何　　俗物

天上有 ⟶ 落凡尘

爱因斯坦提出统一场论时，狭义相对论早已建立，广义相对论刚刚完成，真好比是“今南方已定，兵甲已足，当奖率三军，北定中原，庶竭驽钝，攘除奸凶，兴复汉室，还于旧都”。所谓“汉室”“旧都”，是爱因斯坦等老派物理学家对经典决定论这样一个物理学大厦的梦想。可惜的是，世界的潮流、物理学的发展是滚滚向前的。

所谓大时代，无非是一个选择，爱因斯坦这样的老派物理学家选择留在自己的时代。或许对爱因斯坦而言，当年在伯尔尼的专利局里偷偷去做思想实验的时候，才是他最开心的日子。而一直到去世，爱因斯坦也没有完成他统一场论的梦想。

后人虽然也在一定程度上继承了统一场论，但是在爱因斯坦原本的方向上，进步非常有限。爱因斯坦的时代过去了，现代的物理学家仍然在追寻统一之梦，但他们的统一梦想和爱因斯坦有些区别。爱因斯坦希望能抛弃物质而转向几何，而现代的物理学家希望先把物质统一起来——他们并不希冀把“泥”做的物质变成“水”做的，而是希望把物质变成板砖一块，即把物质先统一成“水泥”做的。

“终极理论之梦”这个词其实是温伯格的一本科普书的名字，在这里讲统一的概念时，我们也来借用温伯格这本书里边的一些讲述。随便拿出一样东西——一支笔、一张纸、一张桌子，然后我们开始问问题：“这支笔的颜色？”“这支笔的物理性质？”“这支笔的功用？”等。我们问这些问题的时候，最后都能归入一个问题：“世界是由哪些基本粒子组成的，而这些基本粒子之间有哪些相互作用？”

在本书前面的章节中，我曾用类似报菜名的方式为大家介绍了基本粒子都有哪些。这些基本粒子之间的电、磁、弱、强和引力相互作用把所有的这些东西联系到一起。而统一不同事物的努力其实并不是现代才开始的，早在麦克斯韦时代就已经有了这样的努力。麦克斯韦本人就已经统一了电力和磁力，把二者统一到电磁场。20 世纪中叶，温伯格、萨拉姆和格拉肖进一步把弱相互作用力也统一到了电磁框架当中，成为“电弱相互作用”。

之后，大家又猜测有可能存在一种大统一理论，可以统一电、磁、弱、强相互作用。当然，不管是麦克斯韦的统一，还是电弱统一和大统一，所讲的都是力的统一，而力和物质看起来是非常不一样的存在。但是，有一个猜想叫作“超对称”，“超对称”认为有一种假想的对称性，可以把物质和力相互转化。也就是说，在一定程度上把物质和力也统一到了一起。

最后，我们还剩下引力。在弦理论中，引力和其他的一切可能也是可以统一到一起的，这就是我们终极理论之梦的一个模型。

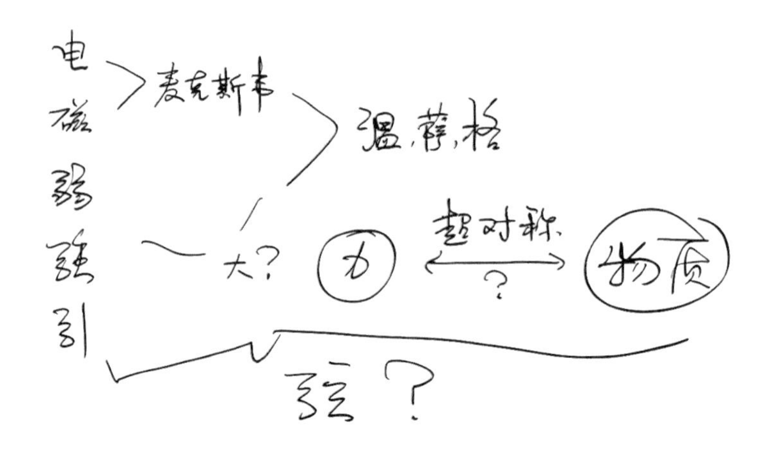

弦理论认为：看一个电子，如果看得足够仔细，会发现电子并不是一个点粒子，而是由一条弦组成的。弦的不同状态，包括弦的各种振动、端点的不同位置、不同的缠绕等，决定了这个弦表现出来的是一个力还是哪一种物质粒子，以及其质量是多少，等等。

自从被提出以来，弦理论取得了非常广泛的成就。它统一了量子和引力。不光在爱因斯坦的心里，也在物理的理论层面，量子和引力一直是一对“冤家对头”。而弦理论被很多人认为是截至目前我们已知唯一的自洽的量子引力理论。为了弦理论的自洽性，我们需要超对称，即为了力和物质的统一，我们需要生活在更多的维度，而这些更多的维度很小，我们看不到。

弦理论中有各种各样的现象，通过对弦理论的深入研究，我们发现了对偶性，不同的弦理论其实都是同一个弦理论的不同的表现方式而已。目前，弦理论也和量子信息等各种信息理论有着密切的联系。

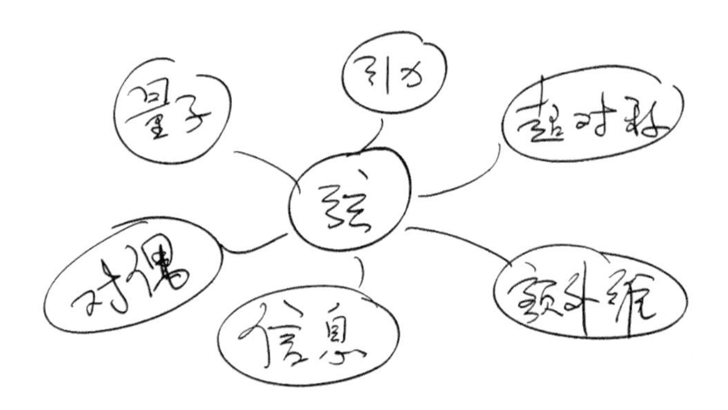

弦理论虽然成功，但它本身也有很多问题。比如，弦理论认为电子是一根振动的弦，那么我们要看得多仔细才能看到这一点呢？ 10^{-33} 米这么精细！别说我们现在的实验，就算是我们能够想象到的未来，我们也没有办法去做这么精密的实验。所以，一直到现在，如何在实验中去检验弦理论，都是一个很大的问题。刚才我们提到了弦理论的对偶性，即看起来不同的各个弦理论，最后发现都是一个统一的、同样的弦理论的不同的极限而已。也就是说，如果我们把弦理论看成是一个数学结构，看成是一组方程，那么这组方程是唯一的，它不容你去把空间增加一维、减少一维，也不容你在这个理论中增加一种粒子、减少一种粒子。虽然这组方程是唯一的，但这组方程的解却非常多。有人估计，有 10^{500} 这么多种可能的弦理论解，而每一个解都对应着一个可能的世界。我们如何找到我们身处的这 10^{500} 个世界当中的那一个呢？这也是一个问题。虽然现在大家的一个共识是，弦理论是一个自洽的量子引力理论，但问题是：自洽的就是唯一的吗？自洽的就是真的吗？弦理论是不是真正的、描述我们世界的量子引力理论呢？像这样的问题，目前也没有答案。

问题
- 10^{-33}米？
- 10^{500}个可能的世界？
- 量子引力是唯一的吗？
- 找工作？

作为物理科研工作者，我们要做两件事情，一件事情是寻找物理规律，另一件事情是找工作。这两件事情其实都不容易做到。有这样一个段子（应该是编造的）：弦理论的一个领军人物威滕去美国基金委答辩。美国基金委问威滕："你们弦理论领域每年培养多少博士生？"威滕说："100 个。"基金委问："那么最后这个领域会接纳多少人？"威滕说："我们最后要 1 个。"基金委又问："既然最后只要一个，为什么要培养 100 个呢？"威滕回答："因为我们只有培养了这 100 个，才能知道最后我们要的是哪一个。"接着，又有一位宇宙学大佬去基金委答辩。基金委问："宇宙学领域一年培养多少个博士生？"宇宙学大佬说："我们培养 100 个。"基金委问："你们要多少个？"宇宙学大佬说："我们一个都不要！"基金委问为什么，宇宙学大佬说："因为那 99 个做弦理论的都来做宇宙学了。"当然了，这是一个调侃，这个调侃并不是说我对弦理论有任何意见，无论对这个理论还是其工作者，我都充满敬意，只是想说，这个行业也有这个行业的艰辛。

弦理论是终极理论的一个"候选者"，但不知道弦理论是不是最终的那一个"候选者"。同时，我们也想问一个问题：我们最终有可能找到那个终极的理论吗？庄子曾经说过，“吾生也有涯，而知也无涯。以有涯随无涯，殆已！”什么意思？你危险了，换言之就是你就死了。

庄子：吾生也有涯
而知也无涯
以有涯随无涯
殆已！

庄子认为，以我们有限长度的生命去追寻那无限多的知识，这是一个非常危险的事情。现在我们有没有必要像庄子那样悲观呢？我觉得并没有必要。因为数学！无论是数学归纳法还是微积分，数学本身就是一个联系有限和无限的桥梁。现代科学是以数学为基础的，所以并不能说我们只能知道有限的道理，就不能理解无限的现象。那么这是不是说，我们必然可以得到这样的一个终极理论呢？我个人的观点：还不知道。物理学家格罗斯曾经做了一个思想实验：如果你去教你们家的狗狗用高斯消元法解一个代数方程，你能指望它学会吗？如果你教它一点更难的东西，例如量子力学呢？更不可能教会了。也就是说，我们认为狗狗的思维能力有着一个局限，它无法理解一些理论。那么，我们又凭什么认为我们自己的思维能力没有局限，可以理解这个世界中所有的奥秘呢？

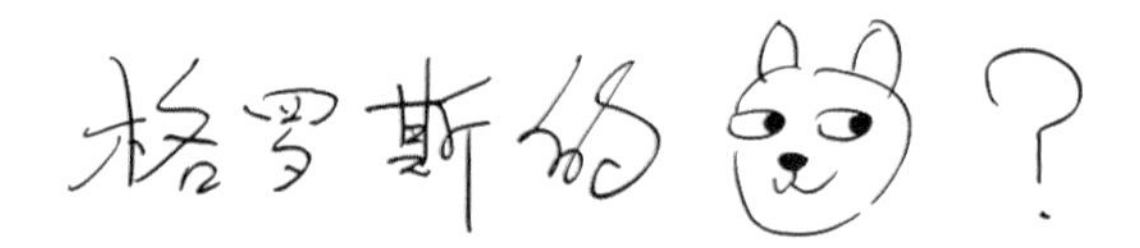

可以肯定的是，我们还是会向着那个方向努力，去追求终极理论之梦。虽然我们不知道是否存在这样一个终极理论，不知道理论有没有一个终结，但是本书终究是有一个结尾的。在这里，我衷心感谢大家。青山不老，绿水长流，来日方长，我们后会有期！